社区发现方法及应用

张云雷 吴 斌 著

U0268391

清华大学出版社

北京交通大学出版社

·北京·

内 容 简 介

本书以社区发现为核心内容，介绍了社区发现的基础知识及与之相关的理论方法。本书重点内容包括网络构建方法、社区分析基本知识、非重叠社区发现方法、重叠社区发现方法、面向富信息网络的社区发现方法、基于网络表示学习的社区发现方法、大规模网络社区发现方法和基于社区发现的交叉研究等。本书突出介绍在现今大规模网络和相关社交网络数据不断涌现的背景下与社区发现方法相关的理论和计算技术。

本书可以作为计算机学科相关专业本科生高年级和研究生相关课程的参考书，也可以作为了解社区发现方法原理的参考资料。

图书在版编目（CIP）数据

社区发现方法及应用/张云雷，吴斌著．—北京：北京交通大学出版社：清华大学出版社，2022.3

ISBN 978-7-5121-4682-2

Ⅰ.①社…　Ⅱ.①张…　②吴…　Ⅲ.①计算机网络-计算机算法-研究

Ⅳ.①TP393.027

中国版本图书馆 CIP 数据核字（2022）第 013317 号

社区发现方法及应用

SHEQU FAXIAN FANGFA JI YINGYONG

责任编辑：谭文芳

出版发行：清 华 大 学 出 版 社　邮编：100084　电话：010-62776969　http://www.tup.com.cn

　　　　北京交通大学出版社　邮编：100044　电话：010-51686414　http://www.bjtup.com.cn

印 刷 者：艺堂印刷（天津）有限公司

经　　销：全国新华书店

开　　本：170 mm×240 mm　印张：12.75　字数：255 千字

版 印 次：2022 年 3 月第 1 版　2022 年 3 月第 1 次印刷

定　　价：59.00 元

前　言

社交网络已经成为人们沟通交流的重要手段，而社交媒体也已经成为人们获取信息的主要渠道。社交网络中的结点代表用户，边代表用户之间的好友关系、评论关系及转发关系，等等。社交网络的网络结构蕴含着丰富的知识，社交网络用户的行为具有潜在的模式，社交网络中的信息传播具有潜在的规律。在政府管理、企业的市场营销等领域，社交网络已经成为了解用户观点和习惯的关键渠道。显而易见，社交网络分析已经成为具有社会价值和商业价值的重要科学问题。社交网络本质上是一种复杂网络，而复杂网络是网络科学研究的基础对象。社区结构分析是网络科学研究的基础问题，它的研究也随着 20 世纪末网络科学的悄然兴起而受到众多学者的关注。社区结构分析是从中观结构深入理解社交网络的有效手段，能够进一步分析社交网络中的群体行为，能够进一步对社交网络上信息的传播过程进行建模，因此社区结构分析有着重要意义。本书正是基于此，从问题分类、方法、技术及应用等不同的角度来总结社区发现的研究成果。

本书共 10 章，从内容上可分为 3 个部分。第 1 部分是基础知识，包括第 1、2、3、10 章，分别是引言、网络构建方法、社区分析基本知识和总结，这部分是全书的基础章节，对相关章节涉及的基础知识和核心技术进行初步介绍与总结。第 2 部分是相关算法，包括第 4、5、6、7、8 章，分别是非重叠社区发现方法、重叠社区发现方法、面向富信息网络的社区发现方法、基于网络表示学习的社区发现方法、大规模网络社区发现方法。第 3 部分是社区发现方法的应用，即第 9 章，基于社区发现的交叉研究。

本书各主要章节内容如下。

第 2 章主要介绍网络构建方法。社区发现的研究对象是网络数据。网络构建是形成网络数据的直接方法，其处理对象包含了个体之间的直接交互、文本数据、视频数据等，分别对应直接观察法、基于多源数据的学术社交网络构建方法、基于视频的网络构建方法。

第 3 章主要介绍社区分析基本知识。内容包括：社区的定义，这是其他章节的基础知识；传统的社区发现方法及其算法复杂度，传统方法包含了非重叠社区发现方法和重叠社区发现方法；数据集与算法的评价指标，数据集包含了经典数据集、人工数据集，评价指标包含了模块度、标准互信息、正确率、兰德指数、杰卡德指数、调整的兰德指数、Omega 指数，等等。

第 4 章主要介绍最近的非重叠社区发现方法。非重叠社区发现方法将节点指派为一个确定的社区。本章结合网络模体和网络表示学习方法，分别介绍了基于网络模体的局部社区发现方法和基于种子结点扩张采样的社区发现方法。

第 5 章主要介绍重叠社区发现方法。针对重叠社区发现方法的准确率不高、发现结果具有随机性、过度重叠和无法处理大规模网络等问题，分别介绍了一种基于粗糙集的重叠社区方法和一种基于边图的重叠社区发现方法及其并行化方法。

第 6 章主要介绍面向富信息网络的社区发现方法。网络数据包含了除网络结构以外的其他信息，比如文本信息、结点属性或行为等，本章介绍了一种对网络结构、文本信息和时间信息统一建模，进而动态发现社区及其主题的方法。

第 7 章主要介绍基于网络表示学习的社区发现方法。传统的网络表示形式在进行网络处理和分析时存在一些挑战，包括高计算复杂度、低可并行性和机器学习方法的不适用性等。本章介绍了基于矩阵分解的网络表示学习方法、基于随机游走的网络表示学习方法、基于深度神经网络的网络表示学习方法及其他网络表示学习方法。

第 8 章主要介绍大规模网络社区发现方法。包括基于 Spark 的并行增量动态社区发现方法、基于加权聚类系数的并行增量动态社区发现方法、基于边图的并行重叠社区发现方法。

第 9 章主要介绍基于社区发现的交叉研究。包括基于社交网络社区的组推荐框架、基于社区分析的情感研究。

本书的编写得到了华北科技学院计算机学院和北京邮电大学计算机学院数据科学与服务中心师生的支持，他们是田立勤、陈振国、刘宇、吕金娜、宁念文、朱江、尹丁艺、肖琰、张翠云和迟人俊，作者在此一并表示感谢。同时，还要感谢华北科技学院重点学科建设项目的支持，以及北京交通大学出版社谭文芳编辑为本书出版所做的努力。

作者作为在计算机领域从事科研和教学的教师，在专业知识的深度和广度上都有局限性，本书难免存在不足之处，热烈欢迎广大读者反馈，并对本书提出宝贵意见和建议，作者将不断改进。

张云雷

2022 年 1 月

目　　录

第1章　引言 ……………………………………………………………… 1

　　本章参考文献 ………………………………………………………… 3

第2章　网络构建方法 …………………………………………………… 5

　2.1　直接观察法 ………………………………………………………… 5

　2.2　基于多源数据的学术社交网络构建方法 ………………………… 5

　2.3　基于视频的社交网络构建方法 …………………………………… 10

　　2.3.1　问题定义 ……………………………………………………… 12

　　2.3.2　方法 …………………………………………………………… 12

　2.4　基于多层强化学习的网络构建方法 ……………………………… 18

　　2.4.1　现存问题解决方案 …………………………………………… 18

　　2.4.2　构建数据集 …………………………………………………… 20

　　2.4.3　OHRL算法设计 ……………………………………………… 21

　　本章参考文献 ……………………………………………………… 23

第3章　社区分析基本知识 ……………………………………………… 26

　3.1　社区发现的原理 …………………………………………………… 26

　　3.1.1　社区的定义 …………………………………………………… 26

　　3.1.2　社区发现的方法分类 ………………………………………… 28

　3.2　数据集与算法的评价指标 ………………………………………… 31

　　3.2.1　经典数据集 …………………………………………………… 31

　　3.2.2　人工数据集生成 ……………………………………………… 36

　　3.2.3　评价指标 ……………………………………………………… 37

　　本章参考文献 ……………………………………………………… 40

第4章　非重叠社区发现方法 …………………………………………… 42

　4.1　概述 ………………………………………………………………… 42

　4.2　基于网络模体的局部社区发现方法 ……………………………… 43

　　4.2.1　预备知识 ……………………………………………………… 44

　　4.2.2　通过最小化1范数的局部扩张 ……………………………… 45

　　4.2.3　实验结果与分析 ……………………………………………… 50

　　4.2.4　本节小结 ……………………………………………………… 56

　4.3　基于种子结点扩张采样的社区发现方法 ………………………… 57

4.3.1 问题定义 ……………………………………………………… 57

4.3.2 SENE 模型 ……………………………………………………… 58

4.3.3 实验结果与分析 ……………………………………………… 59

本章参考文献 …………………………………………………………… 61

第 5 章 重叠社区发现方法 …………………………………………… 63

5.1 概述 ……………………………………………………………… 63

5.2 基于粗糙集的重叠社区发现方法 ……………………………… 63

5.2.1 预备知识与定义 ……………………………………………… 64

5.2.2 方法 …………………………………………………………… 66

5.2.3 时间复杂度分析 ……………………………………………… 70

5.3 基于边图的重叠社区发现方法 ………………………………… 70

5.3.1 方法 …………………………………………………………… 71

5.3.2 时间复杂度分析 ……………………………………………… 73

5.4 实验结果与分析 ………………………………………………… 74

5.4.1 对比方法 ……………………………………………………… 74

5.4.2 实验环境 ……………………………………………………… 74

5.4.3 数据集 ………………………………………………………… 74

5.4.4 评价指标 ……………………………………………………… 75

5.4.5 实验与结果分析 ……………………………………………… 76

5.5 本章小结 ………………………………………………………… 78

本章参考文献 …………………………………………………………… 78

第 6 章 面向富信息网络的社区发现方法 ………………………… 80

6.1 概述 ……………………………………………………………… 80

6.2 基于生成模型的动态主题社区发现方法 ……………………… 81

6.2.1 动态主题社区发现方法 ……………………………………… 82

6.2.2 DTCD 模型推理 ……………………………………………… 87

6.2.3 推断快照网络中的各个参数 ………………………………… 89

6.2.4 实验结果与分析 ……………………………………………… 91

6.3 本章小结 ………………………………………………………… 99

本章参考文献 …………………………………………………………… 99

第 7 章 基于网络表示学习的社区发现方法 ……………………… 101

7.1 概述 ……………………………………………………………… 101

7.2 基于矩阵分解的网络表示学习方法 …………………………… 102

7.2.1 M-NMF 模型 ………………………………………………… 103

7.2.2 模型最优化 …………………………………………………… 104

7.3　基于随机游走的网络表示学习方法 ················· 105

7.3.1　DeepWalk：社交表示的在线学习 ············· 105

7.3.2　Node2Vec：大规模网络特征学习 ············· 106

7.4　基于深度神经网络的网络表示学习方法 ············· 109

7.4.1　SDNE 结构化深度网络表示学习方法 ········· 110

7.4.2　DNGR 深度神经网络的网络表示学习方法 ····· 112

7.5　其他网络表示学习方法 ·························· 114

7.5.1　LINE 大规模网络表示方法 ················· 114

7.5.2　问题定义 ·································· 115

7.5.3　大规模网络表示方法 ······················ 116

7.5.4　LANE 标签信息属性网络表示学习方法 ········ 118

本章参考文献 ······································ 122

第 8 章　大规模网络社区发现方法 ······················ 124

8.1　概述 ··· 124

8.2　基于 Spark 的并行增量动态社区发现方法 ·········· 126

8.2.1　基本概念和定义 ·························· 126

8.2.2　基于 Spark 的并行增量动态社区发现算法描述 ··· 127

8.2.3　实验结果与分析 ·························· 131

8.2.4　本节小结 ································ 136

8.3　基于加权聚类系数的并行增量动态社区发现方法 ····· 136

8.3.1　相关工作 ································ 137

8.3.2　相关定义 ································ 138

8.3.3　SPDCD 算法 ····························· 140

8.3.4　实验结果与分析 ·························· 145

8.3.5　本节小结 ································ 154

8.4　基于边图的并行重叠社区发现方法 ················ 155

8.4.1　方法 ··································· 155

8.4.2　时间复杂度分析 ·························· 158

8.4.3　并行化设计 ······························ 158

8.4.4　实验结果与分析 ·························· 161

8.4.5　本节小结 ································ 166

本章参考文献 ······································ 167

第 9 章　基于社区发现的交叉研究 ······················ 171

9.1　概述 ··· 171

9.2　基于社交网络社区的组推荐框架 ·················· 171

9.2.1 组推荐问题定义 …………………………………………… 172

9.2.2 基于社交网络社区的组推荐框架 ……………………… 174

9.2.3 实验结果与分析 …………………………………………… 178

9.2.4 本节小结 …………………………………………………… 181

9.3 基于社区分析的情感研究 ………………………………… 181

9.3.1 基于多元情感行为时间序列的社交网络用户聚类分析 ……… 181

9.3.2 社交网络情感社区发现研究 …………………………… 184

本章参考文献 ……………………………………………………… 186

第 10 章 总结 …………………………………………………… 189

本章参考文献 ……………………………………………………… 192

第 1 章 引 言

随着万维网、互联网、社交网络的迅猛发展，人们被海量的、真实的网络数据所淹没。如何从网络数据中获取知识成为亟须解决的问题。网络科学[1]是分析网络数据的一门新兴科学。随着物理、生物、社会等众多学科的专家利用网络科学来建模领域问题，网络科学逐渐成为众多学科的研究基础，被称为 21 世纪的元科学[2]。

网络是对现实数据的一种抽象，结点表示现实数据中的对象，边表示对象之间的关联关系。通过这种抽象可以将现实中的复杂系统描述为统一的形式，进而方便人们研究内在规律并发现其中隐藏的知识。网络科学以图论为数学基础。数学家欧拉利用图论的方法解答了哥尼斯堡七孔桥经典问题。Erdos 和 Renyi 提出了 ER 随机图理论[3]，为研究复杂网络的拓扑结构奠定了理论基础[4]。ER 随机图理论可以构建多种网络模型，且有其结构特性，比如连边的随机特性使其没有聚类特性，而实际网络具有聚类特性；ER 随机图的度分布近似于泊松分布，即网络中大部分结点的度接近于平均度，而真实网络中往往存在少量的度相对大的结点。鉴于 ER 随机图理论与真实网络的差异，人们开始对真实网络展开研究。随后，Watts 和 Strogatz 教授于 1998 年在 *Nature* 上发表关于"小世界"网络集体动力学的研究[5]；Barabasi 和 Albert 于 1999 年在 *Science* 上发表关于随机网络中标度涌现的研究[6]。这两篇文章分别提出了复杂网络的小世界特性及无标度特性，并建立了相应的网络模型，引起了大量学者对网络科学的研究热潮。真实世界中蕴含了各种各样的网络数据，这些网络数据包含了结构化数据，比如数据对象的属性信息，同时也包含了非结构化数据，比如数据对象的关联关系，在计算机世界中可使用网络科学对其进行建模与分析。在社交网络中，将用户建模成网络中的结点，将用户之间的好友关系建模成网络中的边；在科研合作网络中，将学者建模成网络中的结点，将学者之间的合作关系建模成网络的边；在学术引用网络中，将论文建模成网络中的结点，将论文之间的引用关系建模成网络中的边；在食物链网络中，将物种建模成网络中的结点，将物种之间的捕食关系建模成网络中的边；在万维网中，将页面建模成网络中的结点，将页面之间的链接关系建模成网络中的边。网络中结点之间的边构成了网络的拓扑结构。同时，有些真实网络除了包含拓扑结构外，还包含了结点的属性和行为等产生的丰富信息。比如社交网络中用户生成的文本内容、万维网中页面的内容，等等。本文将此类网络称为复杂网络，复杂网络包含了多种类型的网络，既包含由拓扑结构组成的网络，也包含由拓扑结构和结点属性、文本信息、时间信息等组成的网络。从挖掘知识的角度理解，复杂网络包含多类待挖掘的知识，比如社区结构、重要结点和主题信息等。

随着计算能力、存储设备和互联网的发展，人们获取和存储数据的能力越来越强，网络科学在数据和需求的驱动下得到了长足的发展，同时也取得了大量与网络科学相关的科研成果发表在高水平的期刊及会议上，*Nature*、*Science*、PNAS等世界顶级期刊上也陆续发表了与网络相关的研究成果。近 30 年，相关学者发表了与网络科学相关的专著[7]及综述[8]。2019 年 *Nature Physics* 上出现了网络科学的新工作，R. Lambiotte 等人[9]发表了"从网络到复杂系统的最优高阶模型"的观点，将复杂网络的研究层面从点对连接提升到了高阶连接，为理解复杂系统提供了新的观点和视角。在计算机领域的顶级会议上，如 SIGMOD、WWW、ICDE、ICDM、SIGKDD、CIKM、AAAI、IJCAI 等，出现了大量的关于复杂网络的相关研究。除此之外，网络科学与其他学科产生了很多交叉研究成果，如学者利用网络科学的方法预测生物领域中的未知的生物功能[10]、识别社会学中人类的通信模式[11]、分析社交网络中的传播模式[12]、增强国防安全[13]等。

针对现实世界中的网络数据，复杂网络能够有效地建模网络数据中的数据结点、关联关系及其他的丰富信息。其中结点表示数据对象（比如，社交网络中的用户、科研合作网络中的作者，等等）；边表示数据对象之间的联系（比如，社交网络中的用户之间的好友关系、科研合作网络中作者之间的合作关系，等等）；其他的丰富信息可以包含结点的属性、行为等信息。在人们发现这些网络共有的、宏观的基本统计特征之后，更深入地分析网络结构的方法之一就是划分网络，从中观层面理解网络结构的功能和组成。而社区发现就是从不同粒度的角度进一步认识和理解网络。理论上，本书对网络数据中的社区结构及其特征的发现能够以中观视图观察网络隐结构特征、掌控网络势态、发现网络异常群体事件等具有重要意义。在实际应用方面，本书的研究成果可以作为优化各种互联网企业、科研学术机构等经营分析和决策支持的基础。

社区发现是针对网络数据从中观角度挖掘数据中隐藏的信息。通俗地讲，社区是指社区内部结点之间连接紧密、社区之间结点的连接稀疏的网络子结构。通常这些社区内的成员具有一定的共同性质（比如，社交网络中具有相似兴趣的用户群、科研合作网络中具有相似研究方向的作者、蛋白质网络中具有相似功能的蛋白质，等等）。通过社区发现能够对整个网络进行更细粒度的观察与分析。事实上，社区结构可以是很多其他研究的基础，将社区因素考虑进去之后，可以提升算法的准确率或效率，例如：联合社区发现与链路预测[14]、社区中的情感分析[15]、最具有影响力的社区发现[16]、考虑社区因素的推荐方法[17]，等等。可见，社区结构的发现对网络分析的其他挖掘任务都有重要的意义，社区结构在一定程度上也会影响其他问题的求解精度。值得注意的是，社区发现受到了社会学、计算机科学、物理学和生物学等多个领域中大量学者的广泛关注。

本书共 10 章。第 1 章介绍网络科学兴起的大背景下，社区发现问题研究的简要发展过程，介绍了社区发现主要涉及的研究问题以及研究方法，并解析本书的各章结构与关联。第 2 章主要介绍网络构建的方法，包含了直接观察法、基于文本的、基于视频的网络构建方法。第 3 章主要介绍社区分析的基础知识，方便读者了解一些基础概念和问题。第 4 章主要介绍非重叠社区发现方法，以及基于网络高阶结构和网络表示学习的社区发现方法，网络高阶结构和网络表示学习是目前较为新颖的研究方向。第 5 章主要介绍重叠社区发现方法，包括基于粗糙集的、边图的重叠社区发现方法。第 6 章主要介绍面向富信息网络的社区发现方法，针对网络中包含的网络结构信息、内容信息和时间信息等，探索联合利用多种信息发现社区的方法。第 7 章介绍基于网络表示学习的社区发现方法，包含基于矩阵分解、随机游走和深度神经网络的网络表示学习方法。第 8 章介绍大规模网络社区发现方法，介绍在大数据背景下，如何发现社区的技术方法和框架，包括基于 Spark、MapReduce 的并行化方法。第 9 章介绍社区发现和其他学科的交叉研究，介绍社区发现技术在组推荐、情感分析等领域的应用。第 10 章对全书进行总结。希望本书能帮助读者了解社区发现、应用的背景及已有的技术，能使读者在人工智能的时代背景下对复杂网络获得更深刻的认识。在编写过程中，作者已努力完善每一章节，但也可能存在一些不妥之处，还请读者见谅并予以指正。

本章参考文献

[1] 汪小帆，李翔，陈关荣. 网络科学导论 [M]. 北京：高等教育出版社，2012：1-397.

[2] 李国杰. 网络科学：21 世纪的元科学 [J]. 中国计算机学会通讯，2016，12（4）：7.

[3] ERDOS P, RÉNYI A. On the evolution of random graphs [J]. Publ. Math. Inst. Hungar. Acad. Sci, 1960, 5（1）：17-61.

[4] BOLLOBÁS B. Modern graph theory [M]. USA：Springer Science & Business Media, 2013：1-396.

[5] WATTS D J, STROGATZ S H. Collective dynamics of 'small-world' networks [J]. Nature, 1998, 393（6684）：440-442.

[6] BARABÁSI A L, ALBERT R. Emergence of scaling in random networks [J]. Science, 1999, 286（5439）：509-512.

[7] PHILIP S Y, HAN J, FALOUTSOS C. Link mining：models, algorithms, and applications [M]. USA：Springer, 2010：1-586.

[8] BOCCALETTI S, LATORA V, MORENO Y, et al. Complex networks: structure and dynamics [J]. Physics reports, 2006, 424 (4-5): 175-308.

[9] LAMBIOTTE R, ROSVALL M, SCHOLTES I. From networks to optimal higher-order models of complex systems [J]. Nature Physics, 2019, 15: 313-319.

[10] GUIMERA R, AMARAL L A N. Functional cartography of complex metabolic networks [J]. Nature, 2005, 433 (7028): 895-900.

[11] GUIMERA R, DANON L, DIAZ-GUILERA A, et al. The real communication network behind the formal chart: community structure in organizations [J]. Journal of Economic Behavior & Organization, 2006, 61 (4): 653-667.

[12] LESKOVEC J, HORVITZ E. Planetary-scale views on a large instant-messaging network [A]. // Proceedings of the 17th international conference on World Wide Web [C]. Beijing, China: ACM Press, 2008: 915-924.

[13] POPP R, POINDEXTER J. Countering terrorism through information and privacy protection technologies [J]. IEEE Security & Privacy, 2006, 4 (6): 18-27.

[14] BASTAMI E, MAHABADI A, TAGHIZADEH E. A gravitation-based link prediction approach in social networks [J]. Swarm and evolutionary computation, 2019, 44: 176-186.

[15] ZHU J, WANG B, WU B, et al. Emotional community detection in social network [J]. IEICE Transactions on Information and Systems, 2017, 100 (10): 2515-2525.

[16] HUANG H, SHEN H, MENG Z, et al. Community-based influence maximization for viral marketing [J]. Applied Intelligence, 2019, 49 (6): 2137-2150.

[17] PASRICHA H, SOLANKI S. A new approach for book recommendation using opinion leader mining [J]. Emerging Research in Electronics, Computer Science and Technology, 2019: 501-515.

第 2 章　网络构建方法

社区发现的研究对象是网络数据。网络构建是形成网络数据的直接方法。本章主要介绍网络构建的方法，包括了直接观察法、基于多源数据的学术社交网络构建方法、基于视频的网络构建方法。

2.1　直接观察法

构建社会网络的一种显而易见的方法是直接观察法。仅仅通过对个体间交互进行一段时间的直接观察，就可以构建出表现个体间存在的、看不见的关系网络。例如，我们中的大部分人或多或少都能够感觉到自己的朋友或同事之间存在朋友或敌对关系。在直接观察法研究中，研究者试图找到感兴趣人群中成员之间的此类关系。

直接观察法通常是一种劳动密集型的研究方法，因此此种方法的应用被局限在小的团体中，主要针对的是在公共场所中有大量面对面交互的团体。比如，Zachary[1] 研究的 "空手道俱乐部" 网络；Freeman 等人[2] 对海滩上冲浪运动员之间的社会交往的研究。调查者只是观察被调查者的活动并记录下她们中间每一次两两交往的分钟时长。Bernard 和他的同事在 20 世纪 70 到 80 年代间收集整理了大量直接观察的网络数据集，目的在于帮助个体准确认识自己的社会地位。数据集包括了大学中的学生、老师、职员之间的交互，也包括了大学兄弟会内部成员之间的交互，为听力残疾者提供电传打字服务的用户之间的交互，以及其他的一些例子。

2.2　基于多源数据的学术社交网络构建方法

近年来，多网络挖掘已成为一个重要的话题。多种类型的数据能比任何单个数据提供更准确和详细的网络结构信息。基于单个数据源的网络通常具有简单的结构、单一的信息和不准确的分析。为了完善对社交网络的分析，将由不同数据源构建的多个网络进行集成，以提高网络的质量并实现更全面、多视图的分析。基于这种观点，Newman 提出了一种使用后验概率模型验证构造网络与真实网络的接近性的方法[3]。近年来，已经提出了许多通过引入多层网络结构来解决网络融合问题的研究。一些研究试图从多源数据构建具有丰富内容的异构或多层网络[4-5]。这些工作通过锚链接建立网络之间的联系以进行跨网络分析。但是，这些工作没有考虑多源数据噪声，网络的多层结构可能导致分析复杂性增加。在其他研究中，多维网络通常从特征和结构融合到较低的维度[6-7]，如相似性网络融合[8-9]保留了顶点信息，并融合了边缘结构。基于相似度的融合方法利用了数据的互补性，但网络分析的通用性较差。这种融合方法仅在数据级别，在某些分析领域使用网络时无法保留关键信息。

　　基于上述问题，我们提出了一种融合相同实体不同网络结构信息的新型网络融合方法，目的是分析学术作者的多重关系。以科学合著网络为例：网络中的顶点是学术论文的作者，边是合著记录。网络主要将大量同时出现的文献数据视为作者之间的关系。由于网络是由单一类型的数据源构建的，因此可能不足以准确地表示现实世界中作者之间的关系。本书首次使用硕士和博士论文数据，该数据语义丰富，不仅可以直接提取师生之间的关系，还可以挖掘其他有趣的关系，例如学徒、同事、亲戚。本书根据学位论文数据中的致谢文本建立了一个"致谢网络"。该网络可以描述更接近实际研究生活的学术关系。然后，提出了一种新颖的网络融合方法，以消除多源数据之间的冗余和噪声，实现更准确、有效的分析和挖掘。多网络融合框架如图 2-1 所示。

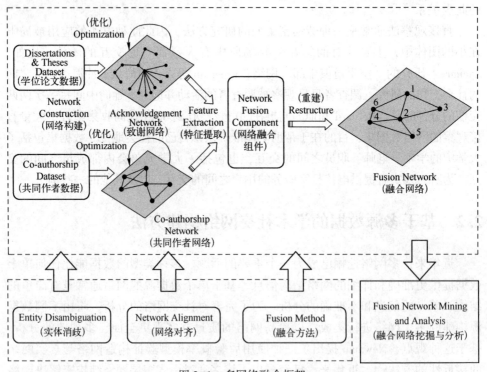

图 2-1　多网络融合框架

本节的主要贡献为：引入一个基于致谢文本数据的新网络，分析来自多个数据源的学术社会关系。从语义丰富的数据中提取命名实体，并解决歧义消除和对齐问题；利用跨层边缘特征和顶点属性，提出了一种用于多网络的半监督融合框架（semi-supervised fusion framework for multiple network，SFMN），以实现多网络融合并消除冗余和噪声。

为了获得全面的社交网络并提高网络质量，我们使用多源数据构建网络。以致谢文本和共同作者记录的数据为例，我们使用有效的方法来识别目标实体并提取实体之间的关系。然后，在致谢和共同作者网络中将网络顶点与重复的名称对齐，用来为网络融合提供可靠的数据支持。

1. 致谢网络构建

毕业论文中的致谢章节是论文中最感人的部分，可以真实反映作者的研究和社会互动。其中包含了众多实体。我们在 1995 年至 2015 年中国几所大学的论文数据集的"致谢"章节中对实体类别进行了统计分析，发现致谢文本中 45% 的实体与作者之间存在"学生-指导老师"关系，33% 的同班同学关系，17% 的朋友和家人关系。研究关系在检测到的所有关系中占很大比例。为了与共同作者网络中的实体相对应，本书仅分析"学生-指导老师"关系和"学生-学生"关系。

"学生-指导老师"关系中的老师主要包含导师、同一实验室的老师、为学位论文提供帮助的老师和授课老师等。"学生-学生"关系主要可以分为实验室同学、同班同学、室友等。首先，使用 JIEBA 工具对致谢文本执行分词和词性标注。其次，建立一个身份字典 D 来存储实体的属性。$D = DT \cup DS$。例如，DT 包含"导师""老师""教授""副教授""院长""副院长""秘书""副校长"等。DS 包含"姐姐""兄弟""室友""同班同学""同一个班级""同志"等。最近，根据出现的顺序提取实体并构造一个顶点子集 NA：NA = {((VertexId, name, identity) | name} 代表实体名称，VertexId 代表其唯一标签，identity 代表老师或学生的身份）。对于每个文本，在文本的作者和每个实体之间建立一种关系。边表示为 EA = {(VertexId, VertexId, weight) | VertexId ∈ NA，weight 表示边权重}。最后，通过以下两个规则来量化边权重 W。①权重按出现的降序排列。考虑到重要性的不同，因为姓名在致谢文本中的位置也有所不同，因此保留名称出现的顺序，并给予较早出现的名称较高的权重值。例如，"感谢老师 A、老师 B、老师 C 的指导"，A，B 和 C 的权重 W 逐渐变小。②一个名称出现的次数越多，权重 W 越大。我们计算实体在致谢文本中出现的频率。当一个实体出现在文本中时，向前搜索并找到具有相同姓氏的最近的老师，将两个实体标识为相同的实体，并累积出现的次数。如果未出现，则在学位论文中考虑为导师，将同一姓氏标识为同一位老师。

2. 共同作者网络构建

共同作者网络由开放的学术图数据集 ArnetMiner 构建，其中包含了 154 771 162

篇论文。该数据集包含多个实体：作者、论文、期刊、会议及其之间的关系。我们从学术合作的角度提取了它们之间的关系。如果多位作者同时出现在同一论文中，则将提取他们之间的共现关系。具体来说，同一篇论文中的每位作者都完全连接到共同作者网络。我们有顶点集合 NC 和边集合 EC：NC = {(VertexId, name) | 实体名称，其唯一标签的 VertexId} 和 EC = {(VertexId, VertexId, weight) | VertexId ∈ NC, weight 表示边的权重}。通过两者的合作次数来衡量边的权重。

3. 实体消歧和对齐

在构建了两个单层网络之后，共同作者网络和致谢网络中存在的问题是：①跨语言实体匹配。在共同作者网络中，一个实体的名称为英文，而在致谢网络中，一个实体的名称为中文。②边权重归一化。这些网络中的边权重不匹配。③消除不正确的顶点和边。由于信息丢失或标识错误，网络中存在不正确的顶点和边。

对于这些问题，有必要对两个网络中的实体进行消歧和对齐。进行优化的一些细节如下。

(1) 跨语言实体对齐

为了使各层之间的实体对齐，我们充分利用了实体的属性和网络结构。一方面，假设可以根据名称信息完成大多数顶点的映射。作者的属性文本被统一翻译成英文或拼音字符。但是，直接进行对齐很困难，因为很多作者的信息都被缩写了。为了解决对齐问题，通过考虑最大公共子字符串的长度，观察第一个字母是否相同，并计算类编辑距离和莱文斯坦距离的比例，来确定两个名称是否表示相同实体。另一方面，采用基于网络相似度的实体匹配方法。考虑到结构信息，计算了两个候选顶点 u、v 在各自的自我网络中的杰卡德（Jaccard）相似度，公式如下：

$$J(u,v) = \frac{|N_v \cap N_u|}{|N_v \cup N_u|} \tag{2-1}$$

其中 N_v 表示结点 v 的邻居结点集合，N_u 表示结点 u 的邻居结点集合，"| |" 表示集合基数。如果相似度大于我们设置的阈值 k，则认为实体是重复的（同一层上的顶点）或对齐的（顶点不在同一层上）。此处 $k = 0.4$。

(2) 边权重归一化

对于边缘权重的差异，使用归一化方法对网络中的边缘权重进行标准化。由于在构建网络时有不同的权重测量方法，这里使用反正切函数来标准化边缘权重，公式如下：

$$f(x) = \frac{2\arctan x}{\pi} \tag{2-2}$$

(3) 消除噪声结点和边

为了滤除噪声顶点和边，使用边存在系数 ρ 来优化网络，公式如下：

$$\rho(u,v) = \frac{1}{Z}W_{u,v}^r \times J_{u,v} \tag{2-3}$$

其中，参数 r 是杠杆系数，它确定存在系数中的重要性，并且 $r \geq 0$。r 越大，系数中的边权重就越大，边越重要。当 $r = 0$，$W_{u,v}^r = 1$ 时，值等于 Jaccard 相关系数。

4. 融合方法

本节介绍用于融合多个网络的网络融合框架。输出网络是一个包含致谢信息和共同作者信息的单层网络，该网络融合了关于学术关系的更丰富描述。

定义 2-1 多层网络。

给定无向图 $G = \{V, E, W, L\}$，其中 V 表示顶点集，E 表示边集，W 表示边的权重，L 表示顶点所在的网络层索引。假设各层之间的实体已经完成映射。为了构造特征空间，从两个原始网络中提取边的特征；然后使用梯度提升决策树模型来训练网络特征，将融合网络中的顶点连接转换为二进制分类问题；最后预测相应实体中的链接，并形成一个新的单层网络。

（1）特征提取

通常，特征可以分为两类：顶点和边。在网络融合中，主要分析边特征。顶点之间的边权重、相似度、Jaccard 系数和 Adamic/Adar 系数仅是单层网络的属性，无法完全表征多个网络。本书使用扩展特征来构建特征空间。我们提取了跨多网络边的特征：W_e、ECN、EJC、EAAC，详细信息如表 2-1 所示。

表 2-1　多层网络中抽取的特征

特　征	描　述
W_e	网络中的边权重
ECN	结点之间的扩展的共同邻居［公式（2-4）］
EJC	结点之间的扩展的 Jaccard 系数［公式（2-5）］
EAAC	结点之间的扩展的 Adamic / Adar 系数［公式（2-6）］

$$\text{ECN}(u^s, u^t) = \frac{\sum\limits_{i=1}^{L}\sum\limits_{j \leq i}^{L}|u_i^s \cap u_j^t|}{L^2} \tag{2-4}$$

$$\text{EJC}(u^s, u^t) = \frac{1}{L^2}\sum\limits_{i=1}^{L}\sum\limits_{j \leq i}^{L}\frac{|u_i^s \cap u_j^t|}{|u_i^s \cup u_j^t|} \tag{2-5}$$

$$\text{EAAC}(u^s, u^t) = \frac{\sum\limits_{i=1}^{L}\sum\limits_{j \leq i}^{L}\lg^{-1}|\Gamma(u_i^s) \cap \Gamma(u_j^t)|}{L^2} \tag{2-6}$$

其中，$\Gamma(u_i^s)$ 和 $\Gamma(u_j^t)$ 分别表示结点 u^s 和 u^t 在 i 层和 j 层的邻居集合。L 表示网络

的层数。

(2) 融合模型的实现

本节介绍用于融合不同网络的网络融合模型。该模型可以更准确地描述顶点和边的连接。从宏观上讲，该模型可以保留网络结构的特征（例如，社区结构和模体）。我们收集了大学所有学院的教师团队和团队组成，作为对现实世界的标准验证。通过将真实网络中的顶点抽象为完整的图并使用随机删除边策略来模拟真实的社区和组之间的连接：①不同群体之间的联系：在真实的社交网络中，顶点之间的联系具有"富人俱乐部特征"，主要思想是网络中有一些顶点具有相对较大的度，并且它们具有很高的连接概率，因此，本文根据前 K 个学位和一定概率 p 选择不同大学群体之间的联系；②同一学院中的研究小组：我们以概率 p 选择 K 个顶点，使用较早构建的网络来近似表示真实的网络数据集，并将其视为社区的真实标签。

基于以上工作，我们将网络融合模型构建为一个二元分类任务。首先给出正样本和负样本的定义。假设真实网络为 $G_t = \{V_t, E_t\}$，则原始网络中的每一层都可以表示为 $G_0 = \{V_l, E_l\}$，$l \in L$。对于 l，$\forall e_i \in E_{l1} \cup E_{l2}$，如果 $e_i \in E_t$，这意味着在真实网络中存在顶点之间的连接，则样本 e_i 被视为正样本。否则，$e_i \notin E_t$，样本 e_i 为负。对于正负样本不平衡的问题，我们训练了很多分类器，然后将它们与组合方法（bagging 和 boosting）组合在一起，以获得更好的预测效果。选择梯度提升决策树（GBDT）算法是因为其在各种数据上的出色性能，即较低的训练时间复杂度及相对较快的预测过程。根据收集并处理的真实网络，我们随机选择 80% 的顶点和边作为训练数据集，其余 20% 作为测试数据集。在框架中，$X = \{x_1, x_2, \cdots, x_m\}$ 是边的特征，m 表示特征的数量，$Y = \{1, -1\}$ 是顶点对的标签。框架的二元分类损失函数是在公式（2-7）到公式（2-9）中：

$$f(y, F(x)) = E\big[-y\lg(p(x)) - (1-y)\lg(1-p(x)) \big] \tag{2-7}$$

$$f(y, F(x)) = E\log(1 + e^{-2yF(x)}) \tag{2-8}$$

$$F(x) = \frac{1}{2}\lg\left[\frac{\Pr(y=1 \mid x)}{\Pr(y=-1 \mid x)} \right] \tag{2-9}$$

其中 $y^* = (y+1)/2$，目标函数的梯度为：

$$\widetilde{y}_i = \frac{2y_i}{1 + \exp(2y_i F_{m-1}(x_i))} \tag{2-10}$$

2.3　基于视频的社交网络构建方法

随着社交媒体的普及，产生了大量的视频数据。这些视频中有很大一部分是以角色为中心的。更重要的是，由于应用广泛，角色社会关系的挖掘和提取变得越来越重要[10~11]。关系是可以帮助理解视频故事的重要线索[12]。此外，通过更好地理解隐式关系，可以保护用户免受潜在的隐私暴露[13]；同时，这些信息可以帮助寻找罪犯[14]。

为角色构建社交网络的最新方法是基于结构化数据[15]和文本数据[16~17]。这样的方法不能满足从非结构化视频中提取角色之间关系的迅速增长的需求。由于角色互动的复杂性及长视频中场景或故事的多样性，社交网络的建设面临一些挑战。

一方面，很难衡量视频中出现的角色之间关系的权重。因为角色之间的关系通常很复杂，并且会随时间变化。关于确定关系权重的方法已经进行了许多研究，例如基于共现的[12,15]和加权高斯方法[18]。但是，共现方法仅粗略地测量了这些关系。另外，在整个视频中计算关系的权重，没有考虑场景或故事的分段。由于角色位于可能没有关系的相邻故事单元中，因此可以在分割点处进行冗余计算。由于角色交互的复杂性及故事情节的不同，所以简单的方法无法充分衡量角色之间的关系。

另一方面，许多方法仅考虑视频的视觉特征，很少有作品考虑字幕特征。角色经常谈论可能与他们有关系的其他人。为了改善关系网络的集成，建议使用与字幕文本信息结合的方法。近来，一些方法利用角色之间的对话来分析角色的交互[19~20]。人与人之间的对话可以很好地反映角色的行为，因此可以正确认识他们在小组中的角色。另外，从文本中提取关系的方法吸引了学者[21~22]的研究。但是，这些方法忽略了人与人之间对话的时间特征。随着故事和事件的发展，人们之间的互动和对话也会发生变化。因此，如何有效地利用字幕文本来提取关系仍然是一个挑战。

在本章中，我们提出了用 StoryRoleNet 模型来解决社交网络建设面临的这两个挑战。为了准确地衡量人与人之间关系的权重，不仅要考虑拍摄信息，还要考虑故事信息，提出了一种利用多层次特征对长视频进行故事分割的新方法。在故事分割之后，通过每个故事单元中的加权高斯方法计算关系的权重。这样，我们的模型可以避免故事边界权重的冗余计算。更重要的是，为了实现更集成的网络，我们将从字幕文本中提取的关系网络合并到从视频提取的网络中。我们采用自然语言处理方法来标识角色的名称。利用字幕的时间特征，当角色在同一故事单元中时，我们可以测量角色之间关系的权重。最后，对构建的网络进行社交网络分析，表明它可以发现无法直接感知或手动测量的隐藏结构和属性[23]。

本节的主要贡献概述如下。

我们采用视频的多级功能来准确衡量关系的权重。利用视频的分层特征，提出了一种长视频故事分割的新方法。对故事进行分割后，可以通过加权高斯方法为每个故事单元获得基于时间信息的关系。

　　从字幕文本中提取的关系被集成到根据视频的视觉特征构建的关系网络中。以此方式，获得一些视觉特征已经被忽略的、错过的关系。

　　为了促进更深入的调查，对已构建的网络进行了额外的评估，包括社区分析和重要角色的识别。

2.3.1　问题定义

1. 相关定义

　　为了构建视频中角色的社会关系网络，即，将角色提取为一组网络结点，需要分析视频中角色的交互，以确定相应结点之间是否存在边。

　　定义 2-2　角色结点集合 C。角色是关系网络中的结点。通过面部检测和识别算法在视频中对其进行标识和标记，进而形成角色结点集合 $C=\{c_1,c_2,\cdots,c_n\}$。

　　定义 2-3　关系权重矩阵 W。矩阵 W 是一个 $n×n$ 矩阵 $(w_{ij})_{n×n}$，其中元素 w_{ij} 是结点 i 和 j 之间的边权重，即 $i\in C$，$j\in C$。通过分析视频中出现的相应角色的交互来确定权重。它是角色之间关系的相对强度的度量。

　　定义 2-4　初始化关系网络 G'。网络 G' 被定义为加权网络，并表示为 $G'=(C,E,W)$，其中 C 是角色结点的集合，E 是连接两个角色的边的集合，W 是权重矩阵。

　　定义 2-5　角色的社会关系网络。角色的社会关系网络表示为 $G=(C,E)$，其中 C 是角色结点的集合，E 是连接角色的边的集合。由于视频中的两个角色可能在不同的场景和故事中多次交互，因此在量化过程中可能会引入噪声和冗余。此处使用阈值过滤关系中的噪声。

2. 问题形式

　　StoryRoleNet 模型首先将视频 V 划分为故事单元 $V=\{s_1,s_2,\cdots,s_m\}$ 的集合。然后，可以采用基于加权高斯的方法在每个故事单元中统计获得关系权重。因此，本节分别基于视频和字幕内容获得了初始社交网络 G'_V 和 G'_T。使用权重阈值生成最终关系网络 $G=G_V\cup G_T$。

2.3.2　方法

　　为了解决上述问题，本节提出了一种视频中角色社会关系的构建方法。如图 2-2 所示，该框架的架构包括三个部分：视频预处理（video preprocessing），包括故事分割（story segmentation）和社交网络构建（social network construction）的 StoryRoleNet 模型以及社交网络分析（social network analysis）。视频预处理用于识别视频中的角色；StoryRoleNet 模型包括了故事分割和社交网络构建两部分；社交网络分析进一步探查了社区，并为重要角色挖掘了构建的网络。

1. 视频预处理

　　视频预处理的主要任务是从视频中提取并标识角色结点 C 的集合。角色识别

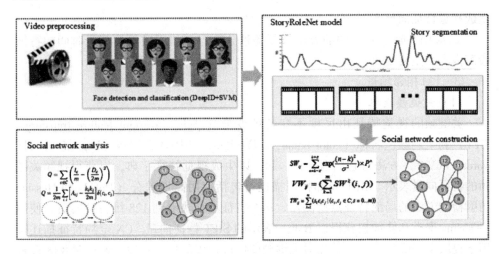

图 2-2　基于视频构建社交网络的框架

是角色关系分析的基础，如图 2-2 所示。集合 C 使用以下步骤获得。首先，使用 Douze 等人[24] 和 Ngo 等人[25] 的方法，我们从每个镜头中提取中间帧作为该镜头的关键帧。因此，每个场景都可以表示为一系列关键帧。其次，Sun 等人的方法[26] 用于检测和识别关键帧中的面部图像。由于人脸仅占据包含人脸的图像的一小部分，因此，首先对检测到的人脸图像进行裁切以增加人脸的比例。然后，使用 DeepID 算法提取深度特征表示[27]。最后，支持向量机（support vector machine，SVM）分类器用于标记检测到的面部。

2. StoryRoleNet 模型：视频故事分割方法

　　角色的出现和相互关系传达了电影或电视连续剧中的故事。故事情节的发展通常反映了角色之间的相互作用。大多数现有的故事分割方法都是针对新闻视频[28][29] 设计的，它们的视频和音频内容在每个剪辑之间都存在很大差异。但是，对于娱乐和社交视频，故事的切分点还不清楚。因此，本文提出了一种基于视频的多级特征的故事分割方法。该方法分层地提取视频内容，并使用分水岭算法对故事进行分段。

　　可以使用五级层次结构[30] 描述视频的内容。关键帧是突出显示镜头内容的帧。镜头是相机连续获取的一系列帧；场景是语义相关镜头的集合，代表有意义的故事单元。另外，故事是由连续场景组成的视频序列，一系列故事构成了一个长长的视频。

　　我们根据文献［31］提出了一种利用视频内容的多级特征的视频故事分割方法，主要步骤如下。

　　① 检测镜头（视频功能的最底层），并提取每个镜头的中间帧作为该镜头的关键帧[32]。我们提取每个关键帧图像的局部和全局视觉特征，并将它们合并以

生成视觉特征向量[33]。

②应用文献［34］中的方法检测场景分割点，利用场景的基于时间的特征检测内容的主要变化。

③计算相邻场景。

（1）关键帧提取

关键帧的视觉特征由尺度不变特征变换（scale-invariant feature transform, SIFT）和全局颜色名称（color name, CN）表示。使用视觉词袋（bag-of-visual-words, BoVW）方法将它们组合在一起，以生成视觉特征字典，以获得视频关键帧的特征向量表示。SIFT 局部特征描述符包括使用高斯差分（DoG）和 Hessian 仿射检测方法的局部特征点检测器。每个特征点都映射到 128 维特征向量。使用 K-means 聚类和软加权获得以 BoF_{SIFT} 表示的 SIFT 特征向量。CN 全局特征描述符用于提取全局颜色特征。首先对关键帧图像进行规范化。然后，通过对 8×8 像素块进行密集采样并使用 8 个像素的采样步长来防止采样重叠来提取 CN 特征。最后，为每个样本块计算一个平均特征。类似地，使用结合 BoVW 的 K 均值聚类方法获得以 BoF_{CN} 表示的 CN 特征向量。通过组合 BoF_{SIFT} 和 BoF_{CN} 特征向量获得捕获的视觉特征 FS。关键帧分割视觉特征提取算法的伪代码如算法 2-1 所示。

算法 2-1　　BoF_{SIFT} 和 BoF_{CN} 生成

输入：关键帧｛$kf_1, kf_2, \cdots, kf_n$｝

输出：BoF_{SIFT} 和 BoF_{CN} 关键帧的特征

初始化每个 $u \in U$

阶段 1：

for i = kf_1 to kf_n do

　　提取 f_{SIFT} 和 f_{CN} 的特征

end for

阶段 2：

（分别将 f_{SIFT} 和 f_{CN} 的特征聚类到 U 个中心）

for 每个 f $\in$ (f_{SIFT}, f_{CN}) do

　　for 所有(t,f)　do

　　　　bof←0

　　　　for 所有 p $\in$ P do

　　　　　　$U' \leftarrow f(U, p, k)$

　　　　　　for i = 1 to k do

　　　　　　　　$bof_i = bof_i + \frac{1}{2^{i-1}} sim(p, U'_i)$

```
                end for
            end for
        end for
        return BoF
end for
return BoF_SIFT 和 BoF_CN
```

（2）场景分割

一个场景包含多个与时间相关的连续镜头。同一场景中的多组镜头具有相似的视觉特征，而不同场景中的镜头具有不同的特征。因此，根据视频帧之间的连贯程度对场景进行分割。相邻镜头 i 和 j 的相似度 SS_{ij} 由余弦相似性计算：

$$SS_{ij} = \frac{\sum_{k=1}^{m} \left[w_k(FS_i) \times w_k(FS_j) \right]}{\sqrt{\sum_{k=1}^{m} \left[w_k(FS_i) \right]^2 \sum_{k=1}^{m} \left[w_k(FS_j) \right]^2}} \tag{2-11}$$

其中，w_k 表示第 k 维的特征值，m 表示特征维数，FS_i 表示第 i 个镜头。

一个场景由一系列连续的镜头组成。本节使用 BSS_i 来表示镜头 i 和前一镜头之间的连续程度。其值由长度为 N 的窗口内镜头对的最大相似性确定。

$$BSS_i = \max_{1 \leq k \leq N} SS_{i, i-k} \tag{2-12}$$

如果同一场景中镜头之间的相似度较高，则连续性更好，因此镜头的 BSS 值也相应较高。当新场景从初始镜头到前一个场景的视觉内容差异较大时，BSS 的值会根据镜头之间的不连续性而减小，将这些镜头指定为场景分割点。

（3）故事分割

故事分割点也就是场景分割点。场景的特征由其所有关键帧的特征的平均值表示。因此，第 k 个场景的特征 FC_k 可以表示为：

$$FC_k = \frac{1}{r} \sum_{s=1}^{r} FS_s \tag{2-13}$$

其中，FS_s 表示第 s 个镜头的关键帧的帧特征，r 表示第 k 个场景中的镜头数量。

假设视频中有 n 个场景。场景边界集记为 $B = b_1, b_2, \cdots, b_{n-1}$，其中 b_i 表示第 i 个场景和第 $i+1$ 个场景之间的边界，B 表示潜在故事分割点的集合。边界 b_i 的场景距离是通过每一侧场景内容的相似性来度量。场景相似度越高，场景之间距离越短。通过将式（2-11）的倒数计算为 $DC = \{d_1, d_2, \cdots, d_{n-1}\}$ 来获得场景之间的特征距离，其中 d_i 表示第二个边界的每一侧上场景之间的距离。最小和最大场景边界点是根据场景之间的距离确定的。

$$\begin{cases} b_i \in V & \text{如果 } d_i < d_{i-\alpha 1} \text{ 和 } d_i < d_{i+\alpha 2} \\ b_i \in P & \text{如果 } d_i > d_{i-\alpha 1} \text{ 和 } d_i > d_{i+\alpha 2} \\ b_i \in \text{OT} & \text{其他情况} \end{cases} \qquad (2\text{-}14)$$

其中 $\alpha 1 = \min\{j \mid j \in \{k \mid (d_i - d_{i-k}) \neq 0, 1 \leq k \leq i-1\}\}$，$\alpha 2 = \min\{j \mid j \in \{k \mid (d_i - d_{i+k}) \neq 0, 1 \leq k \leq (n-i-1)\}\}$，且 $2 \leq i \leq n-2$。V 表示最小场景边界点集合，P 表示最大场景边界点集合，OT 表示其他场景边界点集合，显而易见，$V \cup P \cup \text{OT} = B$。

考虑到视频中所有场景的全局特征，将全局阈值 GT 分配为峰值点内容差异的平均值。我们使用 SB 表示故事分割点的集合 SB $= P \cup \text{HF}$，其中 P 表示最大场景边界点集合，HF 表示大于阈值 GT 的场景边界点的集合。分水岭的概念类似于在水上填满一个山谷，直到水的高度刚好覆盖最近的最大点或全局阈值。地平线和最大点之间的中间点是故事分割点。

3. StoryRoleNet 模型：社会关系网络的构建

为了建立代表角色社会关系网络的准确网络，要求方法应明确表示视频中角色之间的互动。在视频中，多个角色之间可能存在复杂的关系，而且角色之间的关系会随着故事的发展而不断变化。正确量化角色之间关系的权重是构建代表角色社会关系的网络的关键。StoryRoleNet 模型计算角色之间关系的权重，并使用指定的权重阈值构建社交关系网络。

（1）从视频提取角色关系网络

可以通过将每个故事作为一个单元并以每个镜头的关键帧为基础来计算角色之间的关系权重，如图 2-3 所示。采用加权高斯方法确定每个故事单元中角色之间关系的权重。然后，产生关系权重矩阵 W 以构建社会关系网络。

首先，分析每个故事单元中角色之间关系的权重。镜头内容越近，出现在其中的角色之间存在关系的可能性越高。因此，角色 i 与第 k 个镜头中的其他角色之间关系的权重 SW_{ik} 由高斯分布 $N(k, \sigma)$ 进行测量：

$$\text{SW}_{ik} = \sum_{n=k-\sigma}^{k+\sigma} \left[\exp \frac{(n-k)^2}{\sigma^2} \times P_i^k \times P_j^n \right] \qquad (2\text{-}15)$$

其中，σ 表示高斯分布的标准偏差，即镜头 k 中的角色 i 和角色 j 之间的关系权重如何随 $(k-\sigma, k+\sigma)$ 变化。这里，P_i^k 和 P_j^n 表示在镜头 k 和 n 中是否分别出现了角色 i 和 j。如果它们出现，则为 $P_i^k = 1$ 且 $P_j^n = 1$；否则为 $P_i^k = 0$ 和 $P_j^n = 0$。因此，故事单元中角色的关系矩阵表示为：

$$\text{SW}(i, j) = \sum_{k=1}^{s} (\text{SW}_{ik} \times \text{SW}_{kj}) \qquad (2\text{-}16)$$

其中，s 表示故事单元中包含的镜头数量。然后，根据故事单元中角色对的权重，从视频生成关系权重矩阵，如下所示：

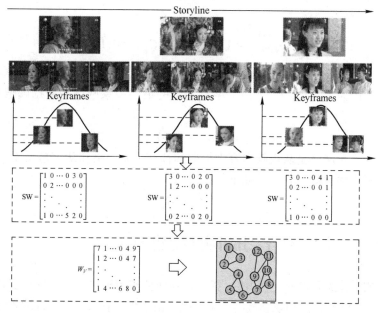

图 2-3　基于视频的关系网络提取模型

$$W_{V}(i,j) = \sum_{k=1}^{m} SW^{k}(i,j) \tag{2-17}$$

其中，m 表示视频中故事片段的数量，$SW^{k}(i,j)$ 表示第 k 个故事片段中角色 i 和 j 之间关系的权重。因此，可以获得从视频中提取的最终关系网络，记为 $G'_{V} = (C, E_{V}, W_{V})$。

最后，根据以下阈值确定角色之间的关系集：

$$G_{V} = \{c_i c_j = 1 \mid W_{V}(i,j) > T_{V} ; c_i, c_j \in C\} \tag{2-18}$$

其中，$c_i c_j = 1$ 表示未加权网络 G 中角色 i 和 j 之间存在连边，C 表示所有角色的集合（关系网络的结点的集合）；T_{V} 表示关系权重的阈值。

（2）从字幕文本中构建社交关系网络

由于面部检测和识别算法的变化，如果仅分析视频的视觉内容，在角色之间识别的关系则可能是不完整的。视频中的角色通常描述其他人或与他们相关的事件。因此，关于角色之间的关系的有价值的信息可以包含在字幕文本中。除了从视频内容中提取角色的社交关系信息之外，StoryRoleNet 模型还从字幕文本中提取社交关系网络。首先，根据故事分段算法的输出对字幕文本进行分段，字幕文本因此被分成多个集合。其次，使用 HanLp 或斯坦福命名实体识别器（NER）[35] 工具提取每个角色名称的实体。以这种方式，获得要分析的角色的字典。通过确定角色名称是否出现在同一故事单元中来提取角色之间的关系，如果两个角色的名称一起出现在故事单元中，则将建立它们之间的关系。共现次数决定了关系权重，如下所示：

$$W_{\mathrm{T}} = \sum_{k=1}^{m} (s_k c_i c_j = 1 \mid (c_i, c_j \in C; k = 0, 1, \cdots, m)) \tag{2-19}$$

其中，$s_k c_i c_j = 1$ 表示角色 i 和角色 j 的名字同时出现在故事单元 s_k 中。由此生成的初始网络，记为 $G_{\mathrm{T}} = (C, E_{\mathrm{T}}, W_{\mathrm{T}})$。字幕文本的最终关系网络是根据阈值确定的，如下所示：

$$G_{\mathrm{T}} = \{ c_i c_j = 1 \mid W_{\mathrm{T}}(i, j) > T_{\mathrm{t}}; c_i, c_j \in C \} \tag{2-20}$$

最终的社交关系网络是从视频内容中提取的社交关系网络和从字幕文本中提取的社交关系网络的并集。它表示如下：

$$G = G_{\mathrm{V}} \cup G_{\mathrm{T}} \tag{2-21}$$

2.4　基于多层强化学习的网络构建方法

开放式实体关系提取（OERE）指无指导地从非结构化文本中发现实体关系三元组，目前仍然是信息抽取领域的一个挑战。由于数据有限，以前提取器使用的是基于模式匹配的无监督或半监督方法，这在很大程度上取决于手动选取的特征或语法解析器等外部自然语言处理（natural language processing, NLP）工具，效率低下并且容易导致错误的级联传播。尽管最近有少数人尝试使用基于神经网络的模型来改善 OERE 任务的性能，但是 OERE 任务不限定语料的领域、使用人工标注库、不限定关系的类别，对有监督的各种神经网络结构存在非常棘手的问题。

我们构造了一个大规模的自动标记训练集，并提出一种基于多层强化学习的实体关系抽取模型。该模型集成了两个开放式提取器实体关系三元组，从而构建知识库。由于这种方法通过牺牲召回率来提高准确率，获得的数据集规模有限，因此，引入远程监督的方法，将知识库与非结构化文本对齐，从而能够自动构建大量的数据集。同时，模型引入强化学习来处理上述通过远程监督扩展的数据集，对同一个句子两级强化学习来实现整个句子的信息抽取，对高级别的 RL 抽取关系，对低级别的 RL 识别实体。对中文和英文识别实体数据集的实验结果表明：所提出的方法有较大的性能提升，能够适应基于远程监督的实体关系提取。下面对基于多层强化的学习开放式。实体关系联合抽算法（open-type joint entity and relation extraction via hierarchical deep reinforcement learning, OHRL）所涉及的各个模块进行详细说明。

2.4.1　现存问题解决方案

实体关系联合抽取能够学习实体识别和关系抽取两个子任务之间的相关性，克服流水线方法的缺点。尽管已经有联合学习的方法在实体关系抽取任务上取得了成果，但这些方法都是封闭式的，需要预先定义语料的领域和关系的类别，以及定义人工标注的语料库。然而，对于海量网络信息，使用这种传统的信息提取方法来提取每种类型关系是不现实的。开放信息抽取突破了传统信息抽取的这种局限性。但由于缺少标记的语料库，模型性能不高，开放式实体关系抽取任务受到了限制。

本节以完全自动化的方式构建了具有良好泛化能力的大规模数据集，以克服缺少针对监督模型的训练数据的问题。我们集成了两个优秀且流行的开放式提取器构建知识库，并引入了远程监督，将非结构文本与知识库对齐，从而获得大量标记的数据集。远程监督假设在一个给定的知识图谱中，如果两个实体有某种关系，那么多有提到这两个实体的句子都会提到这种关系。尽管远程监督能够很有效地自动标记数据，但是也会造成错误标记的问题。

针对上述问题，本书提出了一种在分层强化学习框架中提取实体和关系的模型。模型首先检测一个关系，然后提取相应的实体作为关系的参数。如图 2-4 所示，提取过程按顺序从句子的开头到结尾进行扫描。高级过程是在某个特定位置检测关系指示符。如果确定了某种关系，则将触发一个低级顺序过程来标识该关系的相应实体。当用于实体提取的低级子任务完成时，高级 RL 继续进行扫描以搜索句子中的下一个关系。我们的模型在处理目前研究中存在的两个问题方面具有以下优势。

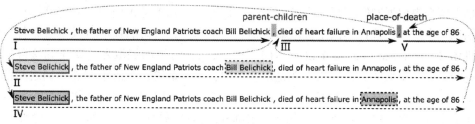

图 2-4　一个句子示例

首先，大多数传统模型[36~38]将实体识别和关系提取视为两个互为独立的任务，它们在所有实体都被识别之后才检测关系的类型，无法捕获两项任务之间的相互作用。并且由于提取的实体可能并未与其他实体存在关系，会产生冗余的信息。

其次，目前的联合抽取方法仍然无法很好地处理一对多的实体关系问题，即重叠关系，一个实体可能在同一句子中参与多个关系，如图 2-4 中的 Steve Blichick 所示，甚至句子中的相同实体对与不同关系相关联。据我们所知，文献［30］中的 CopyR[30]是讨论此问题的唯一方法，该方法将关系提取视为三重生成过程。但是，正如我们的实验所揭示的那样，该方法强烈依赖于训练数据，并且无法提取多词的实体。

在模型中，通过将实体视为关系的参数来处理第一个问题。实体提取和关系类型之间的依赖关系是通过设计高级 RL 过程和低级 RL 过程中状态表示和奖励来制定的。由于主任务（用于关系检测的高级 RL 过程）在启动子任务（用于实体提取的低级 RL 过程）时会传递消息，并获得了低水平的奖励，因此可以很好地捕获交互。完成后，被传递回主要任务。这样，可以更好地对关系类型和实体之间的交互进行建模。

　　层次结构解决第二个问题。通过将实体关系提取分解为用于关系检测的高级任务和用于实体提取的低级任务，可以分别顺序地处理句子中的多个关系。如图 2-4 所示，当主任务检测到第一个关系类型（parent-children）时，提取第一个关系，然后在触发第二个关系类型（place-of-death）时提取第二个关系，即使两个关系共享相同的实体（Steve Belichick）。实验表明，我们所提出的模型在提取重叠关系方面可实现强大的性能。总而言之，我们的贡献有两个方面：①设计了一种新颖的端到端分层框架，以共同识别实体及其关系类型，从而将任务分解为用于关系检测的高级任务和用于实体识别的低级任务；②引入了深度强化学习，在对两个任务之间的相互作用进行建模及提取重叠关系时，效果优于目前的主流模型。

2.4.2　构建数据集

　　使用两个现有的优秀且流行的开放式提取器从原始文本中提取关系三元组。如果两个提取器同时获得一个三元组，则认为该三元组是正确的，并将其添加到知识库中。我们选择的两个提取器分别是基于句法分析树的提取器及基于条件随机场（conditional random field，CRF）和中文语义特征的提取器。基于句法分析树的提取器提取的关系短语可能是组合产物，也就是说，短语中相邻单词之间的距离实际上可能与原始句子序列相距甚远，并且三元组中单词的邻接顺序可能与句子中的顺序不同。例如，从句子"作曲家托马斯居住在明尼苏达州奇泽姆。"我们可以得到三元组（托马斯，居住在，明尼苏达州奇泽姆）。因此，我们定义了三个约束。

　　① 三元组中的两个实体参数是有序的。即三元组（实体 1，关系 R，实体 2）与（实体 2，关系 R，实体 3）属于两个不同的三元组。

　　② 实体 1 中的所有单词必须出现在关系 R 中的所有单词之前。实体 2 中包含的所有单词必须出现在关系 R 单词之后。

　　③ 每个关系词都必须出现在原始句子中，而不是修饰词或添加词，并且关系中出现的单词顺序必须与原始句子序列中出现的单词顺序一致。

　　基于 CRF 的提取器与基于句法分析树的提取器机制不同，前者可以在语法复杂的自然语言中很好地滤除句法分析错误引起的提取错误，反之亦然。从而两种提取器相互结合，互为补充，提升整个三元组提取的性能。我们从样本中随机抽取 100 个三元组以测试准确性，准确率最高为95%。实验结果验证了上述操作的有效性。

2.4.3　OHRL 算法设计

本节将介绍基于多层强化学习的开放式实体关系联合抽取模型（OHRL）的设计与实现细节。该模型设计并实现了自动构建大规模数据集的方法，并利用分层的深度强化学习框架进行实体（entity）和关系（relation）联合抽取，从实验结果可以看出，该模型可以很好地处理基于远程监督扩展的数据集。

首先，定义关系指示符。关系指示符是指句子中提及了足够的信息以识别语义关系时的位置。不同于关系触发器（即显式的关系提及），关系指示符可以是动词（例如死亡）、名词（例如他的父亲），甚至介词（例如，来自），或其他符号，如逗号和句号（如图 2-4 所示，逗号位置可以表示关系“死亡地点”）。关系指示符对模型完成提取任务至关重要，因为整个提取任务分解为关系指示符检测和实体提取。

实体关系抽取的层次框架图如图 2-5 所示，o 表示关系，a 表示注意力值，L 表示关系的序号智能体程序在顺序扫描句子时会预测在特定位置的关系类型。请注意，这种关系检测过程不需要实体的标注，因此与关系分类不同，后者是识别实体对之间的关系。当没有足够的证据表明某个时间步骤上存在语义关系时，智能体可以选择没有关系（none relationship，NR），这是一种特殊的关系类型，表明没有关系。否则，将触发一个关系指示符，智能体将启动一个子任务提取实体，以识别两个实体关系的参数。识别到实体后，子任务完成，智能体继续扫描句子的其余部分以查找其他关系。

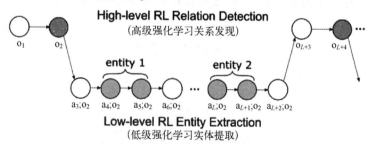

图 2-5　实体关系抽取的层次框架图

这个过程可以表述为半马尔可夫决策过程：①一层高级 RL 检测句子中的关系指示符；②一层低级 RL 为相应的关系指示符识别关联的实体。通过将任务分解为两个 RL 过程的层次结构，该模型在处理对相同实体对或一对多的实体（实体是多个关系的参数，具有多关系类型）的句子时非常有利。

1. 基于高级 RL 的关系检测

高级 RL 策略 μ 旨在检测句子 $S = w_1, w_2, \cdots, w_L$ 中的关系，这可以看作是对选项的常规 RL 策略。选项是指高级的动作，智能体执行选项后将启动低级 RL 流程。高级 RL 策略结构如图 2-6 所示。

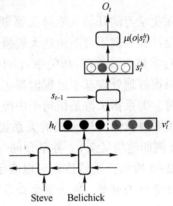

图 2-6　高级 RL 策略结构说明图

其中，O_t 从 $O = \{NR\} \cup R$ 中选择，其中 NR 表示没有关系，R 是知识库中的关系类型。s 表示状态，v_t^r 表示关系类型向量，h 表示隐藏的状态。当低级 RL 进程进入终端状态时，智能体的控制将被移交给高级 RL 进程以执行下一个选项。

2. 基于低级 RL 的实体识别

一旦高级策略预测了非 NR 关系类型，则低级策略 π 将提取对应关系的参与实体。对于动作的低级策略（原始行动）与对于选项的高级策略非常相似。为了使预测的关系类型在低级过程中可访问，在整个低级提取过程中，高级 RL 中的选项 O_t 被用作附加输入。低级 RL 策略结构如图 2-7 所示。

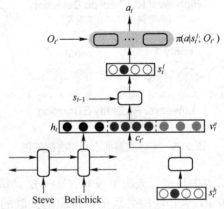

图 2-7　低级 RL 策略结构说明图

每个时间步骤的行动是将实体标签分配给当前单词。动作空间即实体标签空间 $A = (\{PER, LOC, ORG\} \times \{B, I\}) \cup \{N\}$，其中 PER 表示人物实体，LOC 表示地点对象，ORG 表示机构实体，N 表示非实体词。v_t^e 表示实体标签向量，π 表示策略，$O_{t'}$ 表示上下文向量，s 表示状态，h 表示隐藏状态，a 表示注意力值。根据当前所输入的不同关系类型，可以为同一实体提取分配不同的 PER/LOC/ORG 标签。这样，模型可以处理重叠关系。此外，我们使用 B/I 符号分别表示实体的开始单词和内部单词。

3. 目标函数与优化

为了优化高级策略，在每个时间步长 t 上最大化预期主任务的累积奖励，智能体遵循高级策略 μ 的轨迹进行采样，表达式如下：

$$J(\theta_{\mu,t};O_{t'}) = E_{s^h,o,r^h \sim \mu(o|s^h)} \Big[\sum_{k=t}^{T} \gamma^{k-t} r_k^h \Big] \tag{2-22}$$

其中，μ 由 θ_μ 参数化，γ 是 RL 的折现因子，整个采样过程 μ 在终止前要经过 T 个时间步长。

类似地，当智能体在时间步长 t 处用低级 RL 策略 $\pi(\cdot\,|\,O_{t'})$ 采样时，根据选项 o_t 通过最大化子任务预期的累积内部选项奖励来学习低级 RL 策略：

$$J(\theta_{\pi,t};O_{t'}) = E_{s^l,a,r^l \sim \pi(a|s^l;O_{t'})} \Big[\sum_{k=t}^{T'} \gamma^{k-t} r_k^l \Big] \tag{2-23}$$

然后，我们将策略梯度方法和强化学习算法结合使用，以优化高级策略和低级策略。利用似然比技巧，计算高级策略的梯度：

$$\nabla_{\theta_\mu} J(\theta_{\mu,t}) = E_{s^h,o,r^h \sim \mu(O|s^h)} \big[R^\mu(s_t^h,O_t) \nabla_{\theta_\mu} \lg \mu(O|s^h) \big] \tag{2-24}$$

同样地，计算低级策略的梯度：

$$\nabla_{\theta_\mu} J(\theta_{\pi,t};O_{t'}) = E_{s^l,a,r^l \sim \pi(a|s^l;O_{t'})} \big[R^\pi(s_t^l,a_t;O_{t'}) \nabla_{\theta_\pi} \lg \pi(a|s^l;O_{t'}) \big] \tag{2-25}$$

本章参考文献

［1］ ZACHARY W W. An information flow model for conflict and fission in small groups ［J］. Anthropol. Res. 1977 （33）：452–473.

［2］ FREEMAN L C, FREEMAN S C, MICHAELSON A G. On human social intelligence ［J］. Soc. Biol. Struct. 1988 （11）：415–425.

［3］ NEWMAN M E J. Network structure from rich but noisy data ［J］. Nature Physics, 2018, 14 （6）：542–545.

［4］ ZHANG J. Social network fusion and mining：a survey ［J］. arXiv preprint arXiv：1804. 09874, 2018.

［5］ FENG Y, ZARRINKALAM F, BAGHERI E, et al. Entity linking of tweets based on dominant entity candidates ［J］. Social Network Analysis and Mining, 2018, 8 （1）：46.

［6］ TANG L, WANG X, LIU H. Community detection via heterogeneous interaction analysis ［J］. Data mining and knowledge discovery, 2012, 25 （1）：1–33.

［7］ FARASAT A, GROSS G, NAGI R, et al. Social network extraction and high value individual （HVI） identification within fused intelligence data ［C］//International Conference on Social

Computing, Behavioral-Cultural Modeling, and Prediction. Springer, Cham, 2015: 44-54.

[8] RUAN P, WANG Y, SHEN R, et al. Using association signal annotations to boost similarity network fusion [J]. Bioinformatics, 2019, 35 (19): 3718-3726.

[9] WANG B, MEZLINI A M, DEMIR F, et al. Similarity network fusion for aggregating data types on a genomic scale [J]. Nature Methods, 2014, 11 (3): 333.

[10] TRAN Q D, JUNG J E. CoCharNet: extracting social networks using character co-occurrence in movies [J]. Universal Comput. Sci. , 2015, 21 (6): 796-815.

[11] TANISIK G, ZALLUHOGLU C, IKIZLER-CINBIS N. Facial descriptors for human interaction recognition in still images [J]. Pattern Recognition Letters, 2016, 73: 44-51.

[12] WENG C Y, CHU W T, WU J L. Rolenet: movie analysis from the perspective of social networks [J]. IEEE Transactions on Multimedia, 2009, 11 (2): 256-271.

[13] SUN Q, SCHIELE B, FRITZ M. A domain based approach to social relation recognition [C]//Proceedings of the IEEE Conference on Computer Vision and Pattern Recognition, 2017: 3481-3490.

[14] FENG L, BHANU B. Understanding dynamic social grouping behaviors of pedestrians [J]. IEEE Journal of Selected Topics in Signal Processing, 2014, 9 (2): 317-329.

[15] CHUANG C, BO X, YANGHUA X, et al. Extracting social network from transaction logs [J]. Journal of Computer Research and Development, 2015, 52 (11): 2508.

[16] PENG C, GU J, QIAN L. Research on tree kernel-based personal relation extraction [M]// Natural Language Processing and Chinese Computing. Springer, Berlin, Heidelberg, 2012: 225-236.

[17] LI F, ZHANG M, FU G, et al. A neural joint model for entity and relation extraction from biomedical text [J]. BMC bioinformatics, 2017, 18 (1): 1-11.

[18] YUAN K, YAO H, JI R, et al. Mining actor correlations with hierarchical concurrence parsing [C]//2010 IEEE International Conference on Acoustics, Speech and Signal Processing. IEEE, 2010: 798-801.

[19] GARG N P, FAVRE S, SALAMIN H, et al. Role recognition for meeting participants: an approach based on lexical information and social network analysis [C]//Proceedings of the 16th ACM international conference on Multimedia, 2008: 693-696.

[20] SAPRU A, BOURLARD H. Automatic recognition of emergent social roles in small group interactions [J]. IEEE Transactions on Multimedia, 2015, 17 (5): 746-760.

[21] FINEGOLD M, OTIS J, SHALIZI C, et al. Six degrees of Francis Bacon: a statistical method for reconstructing large historical social networks [J]. Digital Humanities Quarterly, 2016, 10 (3) .

[22] SRIVASTAVA S, CHATURVEDI S, MITCHELL T. Inferring interpersonal relations in narrative summaries [C]. Proc. AAAI, 2016: 2807-2813.

[23] VATRAPU R, MUKKAMALA R R, HUSSAIN A, et al. Social set analysis: A set theoretical approach to big data analytics [J]. Ieee Access, 2016, 4: 2542-2571.

[24] DOUZE M, JÉGOU H, SCHMID C. An image-based approach to video copy detection with spatio-temporal post-filtering [J]. IEEE Transactions on Multimedia, 2010, 12 (4): 257-266.

[25] NGO C W, MA Y F, ZHANG H J. Video summarization and scene detection by graph modeling [J]. IEEE Transactions on circuits and systems for video technology, 2005, 15 (2): 296-305.

[26] SUN Y, WANG X, TANG X. Deep convolutional network cascade for facial point detection [C]//Proceedings of the IEEE conference on computer vision and pattern recognition. 2013: 3476-3483.

[27] SUN Y, WANG X, TANG X. Deep learning face representation from predicting 10,000 classes [C]//Proceedings of the IEEE conference on computer vision and pattern recognition. 2014: 1891-1898.

[28] LU X, LEUNG C C, XIE L, et al. Broadcast news story segmentation using latent topics on data manifold [C]//2013 IEEE International Conference on Acoustics, Speech and Signal Processing. IEEE, 2013: 8465-8469.

[29] TAPU R, MOCANU B, ZAHARIA T. TV news retrieval based on story segmentation and concept association [C]//2016 12th International Conference on Signal-Image Technology & Internet-Based Systems (SITIS). IEEE, 2016: 327-334.

[30] PARK S B, OH K J, JO G S. Social network analysis in a movie using character-net [J]. Multimedia Tools and Applications, 2012, 59 (2): 601-627.

[31] HARAKAWA R, OGAWA T, HASEYAMA M. Extracting hierarchical structure of web video groups based on sentiment-aware signed network analysis [J]. IEEE Access, 2017, 5: 16963-16973.

[32] LV J, WU B, YANG S, et al. Efficient large scale near-duplicate video detection base on spark [C]//2016 IEEE International Conference on Big Data (Big Data). IEEE, 2016: 957-962.

[33] TIPPAYA S, SITJONGSATAPORN S, TAN T, et al. Multi-modal visual features-based video shot boundary detection [J]. IEEE Access, 2017, 5: 12563-12575.

[34] RASHEED Z, SHAH M. Scene detection in Hollywood movies and TV shows [C]//Proceedings of 2003 IEEE Computer Society Conference on Computer Vision and Pattern Recognition. IEEE, 2003, 2: II-343.

[35] FINKEL J R, GRENAGER T, MANNING C D. Incorporating non-local information into information extraction systems by gibbs sampling [C]//Proceedings of the 43rd Annual Meeting of the Association for Computational Linguistics (ACL'05), 2005: 363-370.

[36] GORMLEY M R, YU M, DREDZE M. Improved relation extraction with feature: rich Compositional Embedding Models [C] //Proceedings of the 2015 Conference on Empirical Methods in Natural Language Processing, 2015: 1774-1784.

[37] TANG J, QU M, WANG M, et al. Line: large-scale information network embedding [A]//Proceedings of the 24th International Conference on World Wide Web, 2015: 1067-1077.

[38] MINTZ M, BILLS S, SNOW R, et al. Distant supervision for relation extraction without labeled data [C]//Proceedings of the Joint Conference of the 47th Annual Meeting of the ACL and the 4th International Joint Conference on Natural Language Processing of the AFNLP, 2009: 1003-1011.

第 3 章　社区分析基本知识

3.1　社区发现的原理

3.1.1　社区的定义

现实中的很多系统都可以用复杂网络来描述。复杂网络中的结点可表示为复杂系统中的个体，结点之间的边则是系统中个体之间按照某种规则自然形成的一种关系。现实世界中包含着各种类型的复杂明络，如社会网络（朋友关系网络及合作网络等）、技术网络（Internet、万维网及电力网等）、生物网络（神经网络、食物链网络及新陈代谢网络等）。这些网络都具有一种普遍的特性——社区结构（community structure）。大量实证研究表明，许多网络是异构的，即复杂网络不是一大批性质完全相同的结点随机地连接在一起的，而是许多类型的结点的组合。相同类型的结点之间连接紧密，不同类型的结点之间连接稀疏。把同一类型的结点及这些结点之间的边所构成的子图称为网络社区（community）[1]。

在复杂网络中搜索或发现社区，有助于人们理解和开发网络，并具有重要的社会价值，由此出现了许多社区发现算法。目前的大多算法将一个结点仅归属于一个社区。然而在现实自然界中，事物具有多样性的特点，一种事物往往可归属到不同的类别中，社区间必定存在重叠的现象，即一个结点可属于多个社区。例如：某个体有多种喜好，根据不同的喜好可归属于不同的群体（社区）中。因此，将每个结点仅归属于一个社区的社区称为非重叠社区，而每个结点可能属于多个社区的社区称为重叠社区。非重叠社区发现识别出的社区之间互不重叠，每个结点有且仅属于一个社区[2]。

下面介绍另外一种社区的概念，也是本书的重点概念，即虚拟社区。虚拟社区，又称电子社区或计算机社区，是互联网用户交互后产生的一种社会群体，由各式各样的网络社区所构成。虚拟社区一词在 Howard Rheingold 于 1993 年出版的《虚拟社区》一书中被介绍。Rheingold 在其著作中指出虚拟社区是源自于计算机中介传播所建构而成的虚拟空间（cyberspace），是一种社会集合体（social aggregation），它的发生源自虚拟空间上有足够的人、足够的情感，以及人际关系在网络上长期发展。社区发现的相关算法、方法，大部分都是基于虚拟社区。

社区的定义往往依赖于特定的系统或实际应用。从直觉上，社区内部的边必须比社区之间的边连接得更加稠密。大多数情况下，社区是算法上的一个定义，即社区仅仅是算法的最终结果，不具有一个精确的预定义[3~4]。

假设图 G 的一个子图 C，其中 $|C|=n_c$，$|G|=n$。定义结点 $v \in C$ 的内度和外度分别为 k_v^{int}、k_v^{ext}，分别表示子图 C 内连接结点 v 的边数和其他连接结点 v 的边数。如果 $k_v^{ext}=0$，该结点的邻居结点只在子图 C 内，其对于结点 v 可能是一个好的群集；如果 $k_v^{int}=0$，则相反，该结点脱离了 C 且最好把该结点分配到其他群集中。子图 C 的内度 k_{int}^C 是其内部所有结点的内度之和。同样，子图 C 的外度 k_{ext}^C，是其内部所有结点的外度之和。全度 k^C 是 C 中结点的度之和。明显地，$k^C = k_{ext}^C + k_{int}^C$。

定义子图 C 群内密度 $\delta_{int}(C)$ 为 C 的内部边数与所有可能的内部边数的比，即：

$$\delta_{int}(C) = \frac{\#C\ 的内部边数}{n_c(n_c-1)/2} \tag{3-1}$$

同样的，群外密度 $\delta_{ext}(C)$ 是从 C 内结点引出到其余结点边的边数与群外可能的最大边数的比，即：

$$\delta_{ext}(C) = \frac{\#C\ 内结点与\ C\ 外结点相连的边数}{n_c(n-n_c)} \tag{3-2}$$

对于 C 成为一个社区，期望 $\delta_{int}(C)$ 明显地大于图 G 的平均连接密度 $\delta(G)$，$\delta(G)$ 为图 G 的边数与可能的最大边数 $n(n-1)/2$ 的比。另外，$\delta_{ext}(C)$ 应远小于 $\delta(G)$。大多数算法的目标都是寻找到一个大的 $\delta_{int}(C)$ 和小的 $\delta_{ext}(C)$ 的最佳平衡点。一个简单的方法是，最大化所有划分的 $\delta_{int}(C)-\delta_{ext}(C)$ 之和。

连通性是社区的一个必需属性。对于 C 成为一个社区，期望其内部的每一对结点间都有一条路径相通。该特征简化了非连通图的社区检测，这种情况只需要分析每个连通的部分，除非在结果群集上添加了特殊的约束。下面分别给出社区的局部定义、全局定义和基于结点相似度的定义。

局部定义主要包含以下几点：

① 完全交互度；

② 连接性；

③ 结点度数；

④ 社区内部跟社区之间边的紧密度的差别。

全局定义主要是将真实的网络图与人工生成的伪随机网络对比，这个人工生成的伪随机网络，满足这样的条件，即其中每个结点的度数与对应的原始网络中每个结点的度数相同，在满足这个限制条件的基础上，每个结点再随机与其他结点连接，最终人工生成一个伪随机网络，而通常用的模块度 Q 这一指标，也是基于这一差异而定义的。

基于结点相似度的主要思想是，如果能将结点映射到 n 维欧氏空间中，则可以用欧氏距离来表示结点间的距离。若网络不能映射到 n 维欧氏空间中，则使用以下指标 d_{ij} 作为结点 i 和 j 之间的距离。

$$d_{ij} = \sqrt{\sum_{k \neq i,j} (A_{ik} - A_{jk})^2} \qquad (3-3)$$

其中 A 是网络对应的邻接矩阵。另一个结点间的相似度用两个结点间的独立路径的数目来衡量。所谓独立路径，是指两条路径之间没有共同结点。还有一种衡量结点间的相似度的指标是从一个结点出发，按照随机游走的规则，到达目标结点的平均步数。

3.1.2　社区发现的方法分类

1. 非重叠社区发现

早期的研究工作大部分都围绕非重叠社区发现展开[5]。近年来，基于对社区结构的不同理解，研究者们在对结点集划分时采用的标准和策略不同，产生了许多风格不同的新算法。典型算法分类为模块度优化算法（包含聚类）、谱分析法、信息论方法等。

（1）基于模块度优化的社区发现算法

基于模块度优化的社区发现算法是目前研究最多的一类算法，其思想是将社区发现问题定义为优化问题，然后搜索目标值最优的社区结构。在此基础上，模块度优化算法根据社区发现时的计算顺序大致可分为三类。第一类采用聚合思想，也就是分层聚类中的自底向上的做法。第二类采用分裂思想，也就是分层聚类中自顶向下的方法。第三类为直接寻优法。此外，还有一些基于遗传算法、蚁群算法等智能算法的社区发现算法也可归为此类。

总的来说，模块度优化算法是目前应用最为广泛的一类算法，但是在具体分析中，很难确定一种合理的优化目标，使得分析结果难以反映真实的社区结构，尤其是分析大规模复杂网络时，搜索空间非常大，使得许多模块度优化算法的结果变得更不可靠。

（2）基于谱分析的社区发现算法

谱分析法建立在谱图理论基础上，其主要思想是根据特定图矩阵的特征向量导出对象的特征，利用导出特征来推断对象之间的结构关系。通常选用的特定图矩阵有拉普拉斯矩阵和随机矩阵两类。图的拉普拉斯矩阵定义为 $L = D - W$，其中 D 为以每个结点的度为对角元的对角矩阵，W 为图的邻接矩阵；随机矩阵则是根据邻接矩阵导出的概率转移矩阵。这两类矩阵有一个共同性质，即同一社区结点对应的特征分量近似相等，这成为目前谱分析法实现社区发现的理论基础。

基于谱分析的社区发现算法的普遍做法是将结点对应的矩阵特征分量看作空间坐标，将网络结点映射到多维特征向量空间中，运用传统的聚类方法将结点聚成社区。应用谱分析法不可避免地要计算矩阵特征值，计算量大，但由于能够通过特征谱将结点映射至欧氏空间，并能够直接应用传统向量聚类的众多研究成果，所以灵活性较大。

（3）基于信息论的社区发现算法

从信息论的角度出发，网络的模块化描述可以被看作是对网络拓扑结构的一种有损压缩，从而将社区发现问题转换为信息论中的一个基础问题：寻找拓扑结构的有效压缩方式。以信息论的观点来看，互信息 $I(X,Y)$ 最大时，最能反映原始结构 X 的 Y 是最优的。在该框架下，互信息 $I(X,Y)$ 最大等价于求条件信息 $H(X\mid Y)$ 最小。有文献测试表明 Rosvall 等人提出的基于信息论的模拟退火优化算法是目前非重叠社区发现算法中准确度最高的一类算法。

2. 重叠社区发现

对于非重叠社区的划分算法已经相对成熟，但是真实世界的网络和这种理想状态相去甚远，经常有某些结点同时具有多个社区的特性，属于多个社区。在这种状况之下，对于重叠社区的划分明显更有意义、更贴近真实世界，也因此成为近年来新的研究热点。重叠社区划分算法可以分为以下几类：

（1）基于团渗透改进的重叠社区发现算法

由 Palla 等提出的团渗透算法是首个能够发现重叠社区的算法，该类算法认为社区是由一系列相互可达的 k-团（即大小为 k 的完全子图）组成的，即 k-社区。该算法通过合并相邻的 k-团来实现社区发现，而那些处于多个 k-社区中的结点即是社区的"重叠"部分。基于团渗透思想的算法需要以团为基本单元来发现重叠，这对于很多真实网络尤其是稀疏网络而言，限制条件过于严格，只能发现少量的重叠社区。

（2）基于模糊聚类的重叠社区发现算法

还有观点认为可将重叠社区发现归于传统模糊聚类问题加以解决，以计算结点到社区的模糊隶属度来揭示结点的社区关系。这类算法通常从建结点距离出发，再结合传统模糊聚类求解隶属度矩阵。

（3）基于种子扩展思想的重叠社区发现算法

此类算法的基本思想是以具有某种特征的子网络为种子，通过合并、扩展等操作向邻接结点扩展，直至获得评价函数最大的社区。该类算法近两年来得到了迅速发展。

（4）基于混合概率模型的重叠社区发现算法

前述的很多算法都是自己给出了社区结构的定义然后相应给出算法，但这样的划分必须对社区先做出符合结构定义的假设。针对此问题，社区结构的混合概率模型（mixture models and exploratory analysis in networks）被建立，以概率方法对复杂网络的社区结构进行探索，以求得期望最大的社区结构，从而避开社区定义的问题。通过该算法能够识别重叠社区，并得到隶属程度大小。然而，该算法基于最大期望算法（EM 算法）来估计未知参数，收敛速度较慢，计算复杂度较高，一定程度上制约了算法的应用规模。

（5）基于边聚类的重叠社区发现算法

以往社区发现算法的研究均以结点为对象，考虑如何通过划分、聚类、优化等技术将结点归为重叠或不重叠的社区，而以边为研究对象来划分社区的算法也被提出。虽然结点属于多重社区，但边通常只对应某一特定类型的交互（真实网络中的某种性质或功能）。因此，以边为对象使得划分的结果能更真实地反映结点在复杂网络中的角色或功能。

3. 计算复杂度

在当前实际网络中，数据量日益增大，网络规模日益扩大，这导致社区发现的效率成为一大问题。在维基百科 "Computational complexity theory 条目" 的定义中，计算复杂度是指在计算机科学与工程领域完成一个算法所需要的时间，是衡量一个算法优劣的重要参数。它研究的资源中最常见的是时间（要通过多少步演算才能解决问题）和空间（在解决问题时需要多少内存）。

计算复杂度一般由与系统大小相关的可测量性的方法来表示。在网络中，大小通常是由结点数量 n 和边的数量 m 决定的。计算复杂度往往很难被计算出来，其实甚至不可能做到。但是在一些情况下，算法在最坏情况下复杂度的最低估算却很重要，即在一个系统中，在最坏的情况下运行该算法所需计算资源的数量。

符号 $O(n^{\alpha}m^{\beta})$ 表示与结点和边数相关的计算时间，指数分别为 α 和 β 幂增长，因此应该尽可能地降低指数。在 Web 网络中，有成千上万的结点和数以亿计的边，时间复杂度不可能降得比 $O(n)$ 和 $O(m)$ 更低。

多项式复杂性算法可以求解的问题称为 P 类问题。对于一些重要的决策和优化问题，并没有已知的多项式算法。要解决这些问题，在最坏的情况下可能需要穷举搜索，它需要的时间的增长比系统的任何多项式函数增长都要快，例如指数增长。非定常多项式（non-deterministic polynomial，NP）时间复杂性类，或称非确定性多项式时间复杂性类，包含了在多项式时间内，对一个判定性算法问题的实例，一个给定的解是否正确的算法问题。而 NP 困难（non-deterministic polynomial-time hard，NP-hard）问题是计算复杂性理论中最重要的复杂性类之一。当所有 NP 问题可以在多项式时间图灵归约到某个问题时，这个问题被称作 NP 困难问题。

NP 问题中的某些问题的复杂性与整个类的复杂性相关联。这些问题中任何一个如果存在多项式时间的算法，那么所有 NP 问题都是多项式时间可解的，这些问题被称为 NP 完全问题。因为 NP 困难问题未必可以在多项式时间内验证一个解的正确性（即不一定是 NP 问题），所以即使 NP 完全问题有多项式时间内的解，NP 困难问题依然可能没有多项式时间内的解。因此 NP 困难问题"至少与 NP 问题一样难"。

许多聚类算法及相关问题都是 NP 困难问题。在这种情况使用精确的算法是没有意义的，它仅可以应用在非常小的系统中。然而，即使一个算法有多项式时间复杂度，它仍然很难处理一个大型复杂系统。所有的这些情况通常使用近似算法，即该算法不能得到一个问题的精确解，只是一个近似解，这样一来复杂度可以很低。近似算法通常是非确定性的，因为对于同一问题的不同条件或参数会得到不同的解。这类算法的目的是得到关于最优解常数因子的一个解决方案。在任何情况下，算法都应该给出关于最优解的一个可证明的上限。在许多情况下，不是任何常量都能得到最优解，最优解依赖于特定的问题。近似算法通常用于优化问题，在任何可能的系统配置中求解出价值函数的最大值或最小值。

计算复杂度是复杂网络社区发现研究面临的最主要的问题之一，目前，在不知道社区数目的情况下，最快的算法时间复杂度大约为 $O(n\lg^2 n)$。随着网络信息资源的不断增加，也不断提高了对社区发现算法的时间复杂度的要求。

3.2 数据集与算法的评价指标

评价一个社区发现的算法主要从以下两点来考虑，一是能否在允许的时间内得到社区发现的结果，即时间复杂性；二是能否给出优质的社区划分结果，即社区划分的质量。

3.2.1 经典数据集

在用一个算法进行社区划分时，若没有一个评价指标，事先也不知道正确的社区划分结果，则需要用一个公认的已知网络来作为标准，通过衡量算法检测出的该基准网络的社区划分来判断算法的优劣。

1. 空手道俱乐部网络

近年来最常用的一个基准网络是空手道俱乐部[6]。该网络一共包含 34 个结点和 78 条边，每个结点表示一个俱乐部的成员，结点之间的边表示两个成员经常出现在俱乐部活动之外的场合，也表示两个成员之间私下的亲密关系。由于管理者和教练产生意见冲突，该俱乐部渐渐一分为二，该网络自然地划分成了两个社区，如图 3-1 所示。

除个别真实网络经过社会学家的研究和跟踪外，基本统一认可了某种划分结果，而大多数真实网络依然不存在一致和客观的划分结果的统一认识。本部分将介绍几个典型的真实网络数据集。其中除了 Zachary 空手道俱乐部网络这一标准数据集之外，海豚社会关系网络和美国大学生橄榄球联赛网络也经过社会学家的

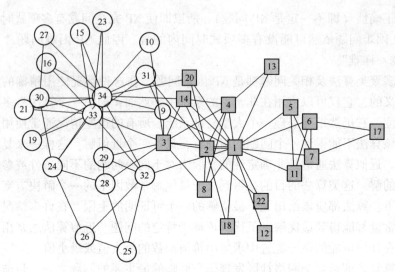

图 3-1　Zachary 空手道俱乐部网络的社区结构[6]

广泛研究，基本有一致的划分结果，而 Lesmis 网络和 PGP 网络虽然不具备比较认可的社区划分，但是可以使用模块度度量标准来衡量划分的优劣程度。

2. 海豚社会关系网络

　　海豚社会关系网络是由 Lusseau 对生活在新西兰神奇湾的海豚进行了为期 7 年的跟踪研究所构建的。该网络中共有 62 个顶点，每个顶点代表了一只宽吻海豚；共有 159 条边，每条边代表两个宽吻海豚之间具有频繁联系。经 Lusseau 研究发现，该网络自然地分成了两个相对紧密的团体，分别代表雌性海豚社区和雄性海豚社区。另外，较大的社区可以继续分成 4 个较小的社区，代表不同年龄段的海豚群组[7]。海豚社会关系网络的社区结构如图 3-2 所示。

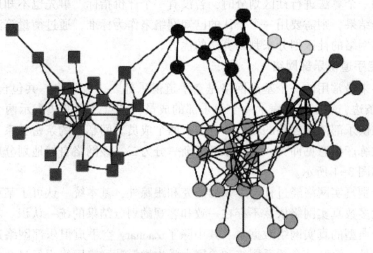

图 3-2　海豚社会关系网络的社区结构

3. 美国大学生橄榄球联赛网络

　　美国大学生橄榄球联赛网络表达了 2000 年赛季各个队之间的比赛情况。该网络共有顶点 115 个，每个顶点代表一支参赛队伍；共有边 613 条，表示队伍和队伍之间在正规赛季进行过比赛。这些参赛队伍自然地划分为不同的运动联盟，每个联盟有 8~12 支队伍。每一个联盟内的队伍比赛较频繁，而不同联盟的比赛频率较稀疏。在 2000 年赛季，每支队伍平均进行 7 场联盟内部赛和 4 场联盟外部赛。外部赛不满足均匀分布，更倾向于与其地理位置较近的不同联盟的队伍之间进行比赛。该网络的社区结构如图 3-3 所示。

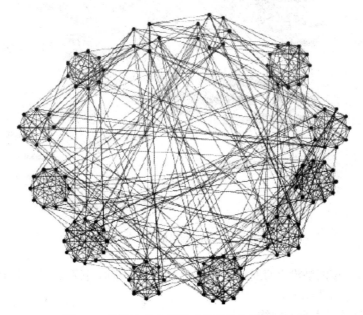

图 3-3　美国大学生橄榄球联赛网络的社区结构

4. Lesmis 网络

　　Lesmis 网络是著名大文豪雨果的长篇巨著《悲惨世界》中的主要人物之间的社会关系所构成的网络，它是由 Knuth 根据《悲惨世界》戏剧中出现人物的出场场次列表构建的。网络中共有 77 个顶点，每个顶点代表一个人物；共有 254 条边，每条边代表人物和人物之间至少出现在一个场次。该网络呈现了以主要人物为社区中心的社区结构，如图 3-4 所示。

5. PGP 网络

　　PGP 网络是一类以 Pretty Good Privacy 算法为基础的信任网络，采用基于 RSA 公匙的加密体系。即一个用户发布的消息只能让授权者阅读，这个授权的过程即是用户之间建立"边"的过程。在本书中，使用的 PGP 网络共有 10 680 个顶点，每个顶点代表一个用户；共有 24 316 条边，每条边表示两个用户之间具有

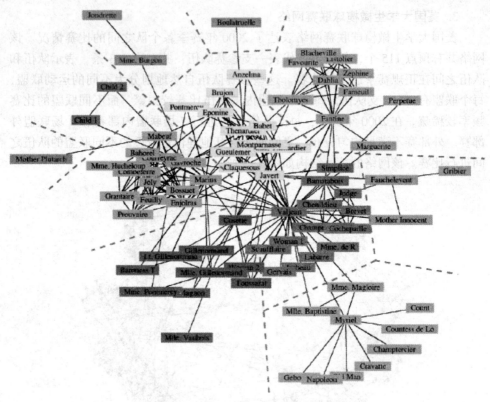

图 3-4　Lesmis 网络的社区结构[8]

的授权关系。该网络没有直觉的社区划分，但是可以通过模块度度量方法来评价算法社区划分的性能。

6. 纽曼的科学合作网络

纽曼的科学合作网络数据集是基于发布于 1995—1999 年间电子预印本文库的凝聚态物质部分的预印本所建的合著者关系网络。这个数据集可以被划分成双模式网络或者从属关系网，因为在这个网络中只有两种类型的结点（作者和论文），并且关系只会在不同类型的结点之间建立。用把双模式网络映射到单模式网络的步骤，可以把这个双模式网络映射成单模式网络。除这个网络的数据之外，作者的名字也是可获得的。该数据集一共有四个网络：二元静态双模式网络，二元静态单模式网络，加权静态单模式网络（所有的合作论文），加权静态单模式网络（纽曼映射方法）。

除了上面介绍的 6 种数据集外还有一些常用的真实世界的数据集，比如 SNAP 上给出的公开数据集，包括了社交网络、通信网络、引用网络、网页图、在线社区网络、公路网络等诸多方面的数据集。下面选三个为例介绍一下，这三个数据集统计信息如表 3-1 所示。

表 3-1　数据集统计信息

数据集统计信息	Facebook 社交网络	DBLP 合作网络	谷歌网络图
结点	4 039	317 080	875 713
边	88 234	1 049 866	5 105 039
最大 WCC 中的结点	4 039（1.000）	317 080（1.000）	855 802（0.977）
最大 WCC 中的边	88 234（1.000）	1 049 866（1.000）	5 066 842（0.993）
最大 SCC 中的结点	4 039（1.000）	317 080（1.000）	434 818（0.497）
最大 SCC 中的边	88 234（1.000）	1 049 866（1.000）	3 419 124（0.670）
平均聚集系数	0.605 5	0.632 4	0.514 3
三角形的个数	1 612 010	2 224 385	13 391 903
闭合三角形的比率	0.264 7	0.128 3	0.019 11
网络直径	8	21	21
90%有效直径	4.7	8	8.1

7. Facebook 社交网络数据集

这个数据集是由 Facebook 上的圈子（朋友列单）组成的，里面的 Facebook 数据是从使用 Facebook App 的调查参与者那里收集来的。数据集包括结点特征（档案）、圈子和个体网络。该数据集中的数据已经把每个用户的 Facebook 的内部 ID 匿名替换成了一个新值。当然，当得到这个数据集的特征向量时，这些特征的解释都被模糊了。比如，原始数据中可能包含一个特征"政治=民主党"，而新的数据可能会简单替换成"政治=匿名特征 1"。这样，用这种匿名数据就有可能确定两个人是否有相同的政治背景，但是不能判断具体代表每个人的什么政治背景。

8. DBLP 合作网络

DBLP 计算机科学参考文献提供了一个广泛的计算机科学领域的论文的列单。该平台建立了一个合著者关系网，在这个网络中，如果两个作者至少共同发表过一篇论文则这两个作者相连。诸如杂志和会议这样的出版集合可以定义个体的真实数据社区，那些在杂志或者会议上发表过文章的作者组成了这个社区。该平台把一个群体中每个连通分量看作一个独立的真实数据社区，剔除结点数少于三个的社区。该平台还提供了有着最高质量的 5 000 个社区和该网络的最大连通分量。

9. 谷歌网络图

在谷歌网络图中，结点表示网页，有向边表示它们之间有一个超链接。谷歌在 2002 年把这个数据作为谷歌编程竞赛的一部分发布出来（见表 3-1）。

3.2.2　人工数据集生成

1. GN 基准网络

GN 基准网络的理论基础是嵌入 l 分割模型[9]。该模型将拥有顶点个数为 $n = g \cdot l$ 的网络分为 l 个分组且每组有且只有 g 个顶点。在同一组中顶点相连的概率为 $p(\text{in})$，而不同分组顶点相连的概率为 $p(\text{out})$，如果 $p(\text{in}) > p(\text{out})$，则说明每组内部结点之间的连边相对更密而不同组之间的连接程度相对较稀疏，因此呈现出社区结构[10]，如图 3-5 所示。

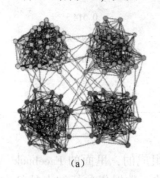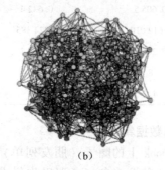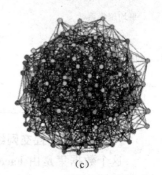

　　　　(a)　　　　　　　　　　(b)　　　　　　　　　　(c)

图 3-5　不同参数下 GN 基准网络的实现

2. LFR 基准网络

另一个人工网络是 LFR 基准网络。假设网络中度的分布和社区大小的分布符合幂律分布，分别用参数 t_1 和 t_2 表示其幂律分布的指数。每一个顶点在社区内部的边是其度数的 $1-u$ 倍，而与外社区顶点相连的边是其度的 u 倍，称 $u(0 < u < 1)$ 为混合参数。该模型还有若干其他参数：平均度 $<k>$，最小度 $K_{\min}$，最大度 $K_{\max}$，网络顶点个数 N，最小社区顶点个数 $C_{\min}$，最大社区顶点个数 $C_{\max}$。该基准网络的构建规则如下：

① 依据符合 t_1 的幂律分布为每个顶点附上一个度数，并满足最小度为 $K_{\min}$、最大度为 $K_{\max}$ 及平均度为 $<k>$；

② 每一个顶点与其社区内部顶点相连的边保证符合其度的 $1-u$ 倍，与外部相连的边为其度的 u 倍；

③ 保证社区大小序列符合 t_2 的幂律分布，并满足所有社区大小的和为 N，社区大小大于 $C_{\min}$ 并小于 $C_{\max}$；

④ 首先，所有的顶点都是孤立的，不属于任何社区，在第一次迭代中，一个顶点被随机分配到一个社区，如果这个社区的大小比这个顶点的内部度大，则分配成功，否则继续保持孤立。在随后的迭代中，继续将孤立顶点随机分配到一个社区，直到没有孤立顶点存在。

3.2.3　评价指标

1. 模块度 Q

可靠的算法应该可以识别好的社区结构。但什么样的社区结构才是好的社区结构？必须要给出一个衡量标准。普遍接受的是由 Newman 和 Girvant[11] 提出的模块度函数，它也是目前常用的一种衡量网络中社区稳定度的方法。

模块度函数是基于同类匹配来定义的。对于一个网络其中一种社区划分结果，假设该划分结果包含 k 个社区。定义 $k \times k$ 维的对称矩阵 $e = (e_{ij})$，其中矩阵元素 e_{ij} 表示第 i 个社区和第 j 个社区之间连接的边数与网络总的边数的比例。值得注意的是，这里的总边数是指原网络中包含的所有边的总数，被社区发现算法移除的边数不计算在内。因此，该网络划分的衡量标准是应用原始的整体网络来计算的。

设 $\mathrm{Tr}(e)\left(= \sum_i e_{ii}\right)$ 为矩阵中对角线上各元素之和，它表示的是网络中社区内部结点之间相连的边数在网络总的边数中所占的比例。设 $a_i\left(= \sum_j a_{ij}\right)$ 为每行（或者列）中各元素之和，它表示与第 i 个社区中的结点相连的边在所有边中所占的比例。在此基础上，用式（3-4）来定义模块度的衡量标准：

$$Q = \sum_i (e_{ii} - a_i^2) = \mathrm{Tr}(e) - \|e^2\| \tag{3-4}$$

其中 $\|x\|$ 表示矩阵 x 中所有元素之和。上式的物理意义是：网络中连接两个同种类型的结点的边（即社区内部边）比例减去在同样的社区结构下任意连接这两个结点的边的比例的期望值。如果社区内部边的比例不大于任意连接时的期望值，则有 $Q=0$。Q 的上限为 1，而 Q 越接近 1，就说明社区结构越明显。在实际网络中，该值通常位于 0.3～0.7 之间。

对比发现，计算模块度时，并不需要与网络已知的社区结构相对照，因为大多数网络的社区结构是未知的，所以与其他评价指标相比，模块度的适用范围最广。

2. 标准互信息 NMI

标准互信息（normalized mutual information, NMI）是另一个评价社区发现算法效果的经典方法。在概率论和信息论中，两个随机变量的互信息（mutual information, MI）或转移信息（trans information）是变量间相互依赖性的量度。不同于相关系数，互信息并不局限于实值随机变量，它更加一般且决定着联合分布 $p(X,Y)$ 和分解的边缘分布的乘积 $p(X)p(Y)$ 的相似程度。互信息是点间互信息（point mutual information, PMI）的期望值。两个离散随机变量 X 和 Y 的互信息可以定义为：

$$I(X;Y) = \sum_{y \in Y} \sum_{x \in X} p(x,y) \lg\left(\frac{p(x,y)}{p(x)p(y)}\right) \tag{3-5}$$

其中 $p(x,y)$ 是 X 和 Y 的联合概率分布函数，而 $p(x)$ 和 $p(Y)$ 分别是 X 和 Y 的边缘概率分布函数。而标准化互聚类信息，则是用熵做分母将 MI 值调整到 0 与 1 之间。如下面所示：

$$U(X,Y) = 2\frac{I(X;Y)}{H(X)+H(Y)} \tag{3-6}$$

其中 $H(X)$ 和 $H(Y)$ 分别为 X 和 Y 的熵。

$$H(X) = \sum_{i=1}^{n} p(x_i)I(x_i) = \sum_{i=1}^{n} p(x_i)\lg_2\frac{1}{p(x_i)} = -\sum_{i=1}^{n} p(x_i)\lg p(x_i) \tag{3-7}$$

设变量 X 为划分结果，Y 为标准结果。衡量社区发现结果的准确性时，结果越准确，标准化互信息值 $U(X,Y)$ 越接近 1。

3. 正确率（accuracy）

正确率 A 的定义式[13]为：

$$A = \frac{\sum_{v=1}^{n}\mathrm{equal}(l_{tv}, l_{pv})}{n} \tag{3-8}$$

$$\mathrm{s.t.\ equal}(x,y) = \begin{cases} 1, & x = y \\ 0, & x \neq y \end{cases}$$

其中，l_{tv} 和 l_{pv} 分别表示结点 v 的真实社区标号和社区发现算法划分所得的社区标号。显而易见，准确度取值范围是 $[0,1]$，值越大表明社区发现算法得到的结果越好。

正确率 A 的优点是：计算简单，只考虑被评价网络分区的标签，参数少。缺点是：将每个结点看作独立的，没有把社区作为整体来考虑，更没有考虑社区之间的关系。

4. Rand 系数（rand index，RI）

RI[14]是起源于聚类分析的统计工具，用于衡量两个社区的重叠程度，其定义式为：

$$\mathrm{RI} = a + \frac{d}{a+b+c+d} = a + d/C_n^2 \tag{3-9}$$

其中，

$$\begin{cases} a = \mathrm{count}(i,j), & \mathrm{s.t.}\ \forall(i,j)\ l_{ti} = l_{tj}, l_{pi} = l_{pj} \\ b = \mathrm{count}(i,j), & \mathrm{s.t.}\ \forall(i,j)\ l_{ti} = l_{tj}, l_{pi} \neq l_{pj} \\ c = \mathrm{count}(i,j), & \mathrm{s.t.}\ \forall(i,j)\ l_{ti} \neq l_{tj}, l_{pi} = l_{pj} \\ d = \mathrm{count}(i,j), & \mathrm{s.t.}\ \forall(i,j)\ l_{ti} \neq l_{tj}, l_{pi} \neq l_{pj} \end{cases} \tag{3-10}$$

其中，$\mathrm{count}(i,j)$ 表示 (i,j) 的统计次数，l_{ti}、l_{tj} 表示 i、j 的真实聚类标签，l_{pi}、l_{pj} 表示 i、j 的算法推断出来的聚类标签，RI 的取值范围是 $[0,1]$，其值越大

表示重合程度越好，即算法性能越好。

　　与正确率的评价指标相比，RI 是根据结点对之间的关系来评估不可重叠社区发现算法的性能，但 RI 指标同样有其缺点，即当结点对 i、j 的真实社区标签和预测的分区标签都不相等时，d 的取值较大，RI 也可能会得到较大的值，此时较大的 RI 值并不能表明该算法的社区发现效果较好。

5. Jaccard 系数（Jaccard index）

Jaccard 系数的定义式[15]为：

$$J = \frac{a}{a+b+c} = 1 - \frac{b+c}{a+b+c} \tag{3-11}$$

Jaccard 系数更多地关注被正确划分的结点对的数目。当计算结果与真实情况一致时，b、c 均为 0，$J=1$；当计算结果与真实情况完全不一致时，$a=0$，$J=0$。所以 Jaccard 系数的取值范围是 $[0,1]$，其值越大表明算法性能越好。

6. RI 的调整形式（adjusted rand index，ARI）

　　ARI 是由 Hubert 和 Arabie 基于随机网络不具有社区结构即其期望值为 0 而提出[16]的，可被描述为（指标-指标的期望值)/(指标的最大值-指标的期望值)。ARI 的定义式为：

$$\text{ARI} = \frac{\text{RI} - E(\text{RI})}{1 - E(\text{RI})} = \frac{\sum_{ij}\binom{n_{ij}}{2} - \left[\sum_i\binom{n_{i\cdot}}{2}\sum_j\binom{n_{\cdot j}}{2}\right]/\binom{n}{2}}{\frac{1}{2}\left[\sum_i\binom{n_{i\cdot}}{2} + \sum_j\binom{n_{\cdot j}}{2}\right] - \left[\sum_i\binom{n_{i\cdot}}{2}\sum_j\binom{n_{\cdot j}}{2}\right]/\binom{n}{2}} \tag{3-12}$$

　　若一个社区发现算法的计算结果与公认的实际分区情况一致，则 ARI = 1，由此可知，其取值范围是 $[0,1]$。ARI 指标拥有和 RI 相同的优点，同时又有更强的健壮性。Jaccard 系数的评价指标重点关注被正确划分的结点对数，但是把它应用到任意网络的随机分区时，其计算结果的期望值均不是固定的。而由指标 ARI 的定义式可以看出，这一缺点已经被规避了。

7. Omega 指数（Omega index）

　　Omega 指数[17]是 ARI 的重叠版本，它基于两个覆盖中具有一致性的结点对。在这里，如果一对结点聚集在相同数量的社区中（可能没有），那么它们被认为具有一致性。也就是说，Omega 指数考虑到了有多少结点对没有聚集在社区中，有多少结点对正好聚集在一个社区中，有多少结点对正好聚集在两个社区中，等等。

　　设 K_1 与 K_2 分别为覆盖 C_1 与 C_2 的社区数目，Omega 指数定义如下[18~19]：

$$\omega(C_1,C_2) = \frac{\omega_N(C_1,C_2) - \omega_e(C_1,C_2)}{1 - \omega_e(C_1,C_2)} \tag{3-13}$$

未调整的 Omega 指数 ω_N 定义如下：

$$\omega_N(C_1,C_2)=\frac{1}{M}\sum_{j=0}^{\max\{K_1,K_2\}}|t_j(C_1)\cap t_j(C_2)| \tag{3-14}$$

其中，M 相等于 $n(n-1)/2$，代表了结点对的数目，$t_j(C_1)$ 是覆盖 C_1 中恰好出现 j 次的结点对的集合。在一个空模型 ω_e 中，Omega 指数的期望值由下式给出：

$$\omega_N(C_1,C_2)=\frac{1}{M}\sum_{j=0}^{\max\{K_1,K_2\}}|t_j(C_1)\cup t_j(C_2)| \tag{3-15}$$

式（3-15）中，期望值的相减只考虑了偶然情况下的一致性。Omega 指数越大，两个覆盖之间的匹配越好。Omega 指数的值为 1 表示完全匹配。当没有重叠时，Omega 指数降低到 ARI。

本章参考文献

[1] SCHWEITZER F, FAGIOLO G, SORNETTE D, et al. Economic networks：the new challenges. [J]. Science, 2009, 325 (5939)：422.

[2] 万雪飞, 陈端兵, 傅彦. 一种重叠社区发现的启发式算法 [J]. 计算机工程与应用, 2010, 46 (3)：36-38.

[3] FORTUNATO S. Community detection in graphs [J]. Physics Reports, 2010, 486 (3-5)：75-174.

[4] 汪洋. 复杂网络的社区发现算法研究 [D]. 合肥：安徽大学, 2014.

[5] 骆志刚, 丁凡, 蒋晓舟, 等. 复杂网络社区发现算法研究新进展 [J]. 国防科技大学学报, 2011, 33 (1)：47-52.

[6] ZACHARY W W. An information flow model for conflict and fission in small Groups [J]. Journal of Anthropological Research, 1977, 33 (4)：452-473.

[7] 刘栋. 复杂网络社区发现方法以及在网络扰动中的影响 [D]. 天津：天津大学, 2013.

[8] LANCICHINETTI A, FORTUNATO S, RADICCHI F. Benchmark graphs for testing community detection algorithms [J]. Physical Review E Statistical Nonlinear & Soft Matter Physics, 2008, 78 (2)：046110.

[9] CONDON A, KARP R M. Algorithms for graph partitioning on the planted partitionmodel [J]. Random Structures & Algorithms, 2001, 18 (2)：221-232.

[10] GUIMERÀ R, AMARAL L A N. Functional cartography of complex metabolic networks [J]. Nature, 2005, 433：895-900.

[11] NEWMAN M E J, GIRVAN M. Finding and evaluating community structure innetworks [J]. Physical Review E Statistical Nonlinear & Soft Matter Physics, 2004, 69 (2 Pt 2)：026113.

[12] 赵丽娜, 李慧. 不可重叠社区发现算法的评价指标分析 [C]// 中国计算机用户协会网络应用分会 2014 年网络新技术与应用年会. 2014.

[13] STEINHAEUSER K, NITESH V C. Identifying and evaluating community structure in complex

networks [J]. Pattern Recognition Letters, 2010 (31): 413-421.

[14] RAND W. Objective criteria for the evaluation of clustering methods [J]. Journal of the American Statistical Association, 1971 (66): 846-850.

[15] BEN-HUR A, ELISSEEFF A, GUYON I. A stability based method for discovering structure in clustered data [J]. Pacific Symposiumon Biocomputing, 2002: 6-17.

[16] HUBERT L, ARABIE P. Comparing partitions [J]. Journal of Classification, 1985, 2 (1): 193-218.

[17] COLLINS L M, DENT C W. Omega: a general formulation of the rand index of cluster recovery suitable for non-disjoint solutions [J]. Multivariate Behavioral Research, 1988, 23 (2): 231.

[18] GREGORY S. Fuzzy overlapping communities in networks [J]. Journal of Statistical Mechanics Theory & Experiment, 2011, 2 (2): 17.

[19] HAVEMANN F, HEINZ M, STRUCK A, et al. Identification of overlapping communities and their hierarchy by locally calculating community-changing resolution levels [J]. Computer Science, 2011, (1): 23.

第4章 非重叠社区发现方法

4.1 概述

社区发现是复杂网络分析的一项重要任务，旨在从给定网络中识别出密集连接结点的聚类[1]。在综述[1]中，列有全面的传统非重叠社区发现方法。非重叠社区发现方法旨在从网络数据中发现社区，社区之间不包含重叠的成员。本章主要介绍局部社区发现方法和基于社区保持的网络嵌入方法。

绝大多数社区发现算法优化社区连边密度的目标函数，例如电导率或模块度，且发现的是全局社区的方法，即对网络的所有结点都指定一个社区标签。有时人们只想发现目标社区，而不是所有社区，比如在科研合作网络中发现与PhilipS. Yu 合作紧密的学者。而局部社区发现，也称为目标或种子社区发现，需要以结点种子集合的形式作为社区发现的附加输入。局部社区发现的主要思想是在给定种子结点集合的前提下，不用探索整个网络就能识别种子结点集合附近的社区，这使得局部社区发现方法比传统的全局社区发现方法快得多。人们已经深入研究如何使用导电率发现具有高质量的社区[2]。但是，传统的导电率是基于简单的无向网络定义的。传统的导电率只是考虑了结点之间的连边，而没有考虑这些连边形成的网络子结构，即网络模体。这种网络模体（网络结构的高阶组织形式）对于揭示控制和影响许多复杂系统行为的基本结构来说至关重要，例如生物网络[3]、转录调控网络[4]、社交网络[5]、大脑连通网络[6]和交通网络[7]。网络模体（如图 4-1 所示）在上述类型网络中出现的频率高于在随机网络中出现的频率，说明这些网络模体广泛存在于各种网络中。本章只研究包含三个结点的网络模体在网络结构中的作用，图 4-1 列出了有向图中三个结点的所有模体实例，已经证实 M_5 在转录调控网络（transcriptional regulation networks）中是一种能够很好理解网络运行机制的网络模体；社交网络中包含了很多三角形模体，如图 4-1 中的 $M_1 \sim M_7$；开放双向楔型网络模体在大脑网络中是描述结构中 hub 结点的关键模体；而两跳路径的模体（$M_8 \sim M_{13}$）对于理解航运网络中的拥堵模式也是非常关键的。从样例种子出发识别出目标社区且社区成员之间具有特定交互模式是一种有意义的数据挖掘任务。例如，在新浪微博关注网络中发现包含某个大 V 的社区，且大 V 的好友们彼此是好友。

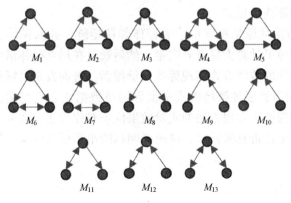

图 4-1　网络模体示例

网络嵌入是社交网络分析的核心，通常聚焦于图的结点，并努力为每个结点在相对低维的空间中生成向量表示。事实证明，这种传统的图挖掘方法在反映结点的属性及网络结构方面非常成功，因此极大地改进了应用程序，包括链接预测、社区检测、图形可视化等。近几年，已经设计了很多网络嵌入方法来捕获本地和全局网络属性。考虑到可伸缩性，基于随机游走的方法被用于提取结点的上下文信息。例如，该领域的先驱者 deepWalk[8]通过在自然语言句子和短随机游走序列之间进行类比来获得网络中潜在的顶点表示，而 node2vec[9]进一步利用有偏的随机游走策略来捕获更多全局信息。同样，SDNE[10]，GCN[11]和其他基于深度学习的方法旨在捕获网络中的非线性特征并分析 1 维，2 维或 3 维欧氏结构化数据。与上述方法不同，基于矩阵分解的方法（如 HOPE[12]和 GraRep[13]）构造了各种类型的矩阵，以保留网络结构和顶点文本特征。

4.2　基于网络模体的局部社区发现方法

本节提出了一种基于网络模体的局部社区发现方法，称为 LCD-Motif。首先，该方法根据模体类型和原始网络生成模体邻接矩阵；然后，在模体邻接矩阵上利用短随机游走生成低维向量空间，并将其用作近似不变子空间，称为局部模体谱；然后通过在局部模体谱的范围内寻找稀疏的近似指示向量来发现社区，且保证种子结点在该支持向量中，可以通过解决 l_1 惩罚的线性规划问题实现上述向量的搜索，与传统的谱聚类方法相比，局部模体谱方法不需要计算大量的奇异向量。本节结合网络模体和种子结点集合扩展来发现局部社区结构。总体上，贡献如下。

① 结合网络结构的高阶组织形式，提出一种基于网络模体的局部社区发现方法，使得发现的社区不仅具有内部连接紧密和外部连接稀疏的特征，而且还具

有用户指定的内部连接模式；

② 提出的方法从原始矩阵中生成模体邻接矩阵，并从模体邻接矩阵中生成局部模体谱，避免了计算大量奇异向量，然后通过在局部模体谱中，利用解决 1_1 惩罚线性规划问题的数学方式实现稀疏向量搜索，进而发现目标社区；

③ 在人工网络和多种领域的真实世界网络数据集上进行实验，通过实验可得本章提出的局部社区发现方法的实验效果优于对比方法，说明具有最小模体导电率的局部社区更接近真实社区，进而说明高阶组织形式结构更能刻画真实的网络结构。

4.2.1 预备知识

1. 模体邻接矩阵

给定无权有向网络 $G=(V,E)$ 和模体类型 M，定义模体邻接矩阵为 W_M，矩阵中的元素 (i,j) 代表结点 i 和结点 j 在模体 M 的实例中同时出现的次数：$(W_M)_{i,j}$ 为结点 i 和结点 j 同时参与模体 M 实例的个数。以图 4-2 为例，该网络包含了 10 个结点，设指定的模体类型是图 4-1 中的 M_6，种子结点为 $\{1\}$，那么矩阵元素 $(W_M)_{0,1}$ 的值为 3。因为在图 4-2 中的网络，一共包含了模体 M_6 的 6 个实例，分别为 $\{2,0,1\}$，$\{4,0,1\}$，$\{3,0,1\}$，$\{1,5,6\}$，$\{5,7,8\}$，$\{7,8,9\}$，其中同时包含结点 0 和结点 1 的实例共有 3 个，分别为 $\{2,0,1\}$，$\{4,0,1\}$ 和 $\{3,0,1\}$，同理可得矩阵元素 $(W_M)_{7,8}$ 值为 2。

2. 基于网络模体的局部社区发现问题定义

给定无权有向网络 $G=(V,E)$，模体 M 和种子结点集合 S，设种子结点集合 $S \subset C$，其中 C 表示目标社区，通常情况下，$|C| \ll |V|$ 且 $|S| \ll |C|$，任务是发现目标社区 C 中其余的社区成员，且要满足如下条件：

① 社区 C 包含尽量多的模体 M 的实例；

② 尽量避免切割模体 M 的实例。

以图 4-2 为例，目标是发现包含结点 1 的局部社区，该社区包含了尽量多的模体 M_6 的实例且尽量避免切割其实例。显而易见，结点 1 与两个社区有关联，分别为社区 $\{0,1,2,3,4\}$ 和社区 $\{1,5,6,7,8,9\}$。社区 $\{0,1,2,3,4\}$ 包含了 3 个模体 M_6 的实例，分别为 $\{0,1,2\}$，$\{0,1,4\}$ 和 $\{0,1,3\}$，这样将导致 1 个实例被切割，即 $\{1,5,6\}$；社区 $\{1,5,6,7,8,9\}$ 包含了 3 个模体 M_6 的实例，分别为 $\{1,5,6\}$，$\{5,7,8\}$ 和 $\{7,8,9\}$，这样将导致 3 个实例被切割，即 $\{0,1,2\}$，$\{0,1,4\}$ 和 $\{0,1,3\}$。由此可得，将结点 1 的目标社区定为 $\{0,1,2,3,4\}$ 更好，原因是该社区包含了尽量多的模体实例而切割了最少的模体实例。

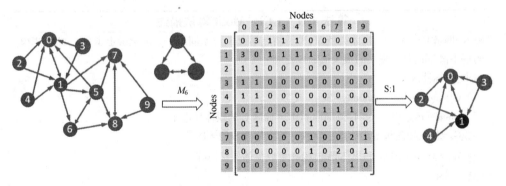

图 4-2 基于模体的局部社区发现示意图

4.2.2 通过最小化 1 范数的局部扩张

1. 算法概述

基于网络模体的谱聚类[2]利用与网络中的社区数量成比例的少量奇异向量来发现社区。如果一个网络有很多小社区，那么计算一个大于社区数量的奇异向量是不切实际的。本章提出了一种新的方法，可以避免烦琐的大量奇异向量计算问题。在网络模体谱聚类方法中，首先找到具有 n 个结点的网络 G 的模体拉普拉斯矩阵的前 d 个奇异向量，可以将 $n×d$ 矩阵作为潜在空间，然后将每个结点与该潜在空间中的点相关联，结点在潜在空间的坐标由矩阵的相应行的元素值来确定。最后使用一些传统的聚类方法（如 k-means）对结点的向量表示进行聚类。如果社区的规模较小，则这种方法的效果不好。

本节对模体谱聚类方法做了两个根本性的改变。第一个改进是克服计算奇异向量的缺点，因为计算奇异向量需要较大的计算量。直观上讲，种子结点周围的结点有较大的可能性出现在目标社区中，因此短随机游走是揭示这些潜在成员的最直观方法。本节考虑将短随机游走后生成的几个向量维度的跨度作为近似不变子空间（局部模体谱），而不是仅仅将单个概率向量作为近似不变子空间。第二个改进是聚类方法，本节不是使用 k-means 将潜在空间中的对象划分为不相交的聚类，而是在不变子空间的范围内寻找最小的 0 范数向量，并使得种子成员在其支持向量中。通过发现与种子结点集合成员指向相同方向的不变子空间的结点而发现局部社区。因为搜索 0 范数向量是 NP 难问题，所以使用最小化 1 范数代替最小化 0 范数。给定种子结点集合 S 和模体类型 M，算法输出是局部社区 C，该社区包含种子结点集合 S 并且该社区成员之间具有模体类型 M 所刻画的特定连接模式。算法的整个过程细节请参考算法 4-1 中的描述：

算法 4-1　LCD-Motif 算法描述

输入:网络 G=(V,E),模体类型 M,种子结点集合 S,子空间维度 l,随机游走步数 k,社区规模的最小值 min,社区规模的最大值 max

输出:目标社区 C

(1) C = tempglobalCommunity = S

(2) globalcurrentMC = globalminimumMC = 社区 C 的模体导电率

(3) G_S = 使用短随机游走生成包含种子结点集合 S 的子图

(4) W_M = 使用子图 G_S 和模体导电率 M 生成模体邻接矩阵

(5) S_0 = S

(6) while globalcurrentMC<globalminimumMC do

(7) 　　　利用种子结点集合 S0,根据公式(4-2)、(4-3)计算局部模体谱

(8) 　　　y=根据公式(4-4)计算稀疏向量

(9) 　　　$\hat{y}$=按升序将稀疏向量 y 排序

(10) 　　　localCommunity=获取向量 $\hat{y}$ 前 min 个对应的结点形成的集合

(11) 　　　localcurrentMC=localminimumMC=社区 localCommunity 的模体导电率

(12) 　　　i=min+1

(13) 　　　while i≤max do

(14) 　　　　　templocalCommunity=获取向量 $\hat{y}$ 前 i 个对应的结点形成的集合

(15) 　　　　　localcurrentMC=社区 localCommunity 的模体导电率

(16) 　　　　　if localcurrentMC<localminimumMC then

(17) 　　　　　　　localCommunity=templocalCommunity

(18) 　　　　　　　localminimumMC=localcurrentMC

(19) 　　　　　end if

(20) 　　　　　i=i+1

(21) 　　　end while

(22) 　　　globalcurrentMC=localminimumMC

(23) 　　　tempglobalCommunity=localCommunity

(24) 　　　if globalcurrentMC<globalminimumMC then

(25) 　　　　　C=tempglobalCommunity

(26) 　　　　　globalminimumMC=globalcurrentMC

(27) 　　　end if

(28) 　　　t=t+s

(29) 　　　S_0=稀疏向量 $\hat{y}$ 前 t 个元素对应的结点形成的集合

(30) end while

(31) return C

步骤 1:生成模体邻接矩阵

给定网络 G 和模体类型 M，生成模体邻接矩阵 W_M，其矩阵中元素 (i,j) 表示结点 i 和 j 共同出现在模体类型 M 实例的次数。在生成模体邻接矩阵的过程中，应该考虑以下两类模体类型：

① 三角形，如图 4-1 中的 $M_1 \sim M_7$ 所示；

② 楔形，如图 4-1 中的 $M_8 \sim M_{13}$ 所示。

对于有向网络 G，可以使用以下算法生成三角形模体邻接矩阵：

① 通过去除 G 中所有边的方向形成新的无向网络 G_{undir}；

② 找到无向网络 G_{undir} 中的所有三角形；

③ 对于无向网络 G_{undir} 中的每个三角形，检查其在 G 中的对应的有向三角形。对于楔形模体类型，可以查看每个结点的每对邻居以形成楔形模体邻接矩阵。

步骤 2：生成局部模体谱空间

设 W_M 表示网络的标准化模体邻接矩阵。定义为：

$$\overline{W}_M = D^{-1/2}(W_M + I)D^{-1/2} \tag{4-1}$$

其中 D 是对角矩阵。从种子结点集合 S 开始随机游走，设 p_0 表示初始概率向量，其中转移概率均匀地分布到种子成员结点上。l 维概率向量的跨度包含了连续 l 步随机游走的概率向量

$$P_{0,l} = [p_0, \overline{W}_M^1 p_0, \cdots, \overline{W}_M^l p_0] \tag{4-2}$$

通过计算跨度 $P_{0,l}$ 的正交基获得初始的不变子空间，记为 $U_{0,l}$。然后使用 k 步随机游走迭代地计算 l 维正交基 $U_{k,l}$

$$U_{k,l} R_{k,l} = \overline{W}_M U_{k-1,l} \tag{4-3}$$

其中 $R_{k,l} \in \mathbb{R}^{n \times l}$ 是为了保证 $U_{k,l}$ 是正交的。正交基 $U_{k,l}$ 被看作局部模体谱。具体的生成局部模体谱的算法见算法 4-2。

算法 4-2　生成局部模体谱

输入：子图 G_S，种子结点集合 S，子空间维度 l，随机游走步数 k

输出：局部模体谱 $U_{k,l}$

（1）使用公式（4-1）计算标准化模体邻接矩阵 $\overline{W}_M$

（2）初始化 p_0

（3）$U_{0,l} = [p_0, \overline{W}_M^1 p_0, \cdots, \overline{W}_M^l p_0]$

（4）for i = 1, $\cdots$, k do

（5）　　$U_{i,l} R_{i,l} = \overline{W}_M U_{i-1,l}$（通过 QR 分解获得 $R_{i,l} \in \mathbb{R}^{n \times l}$ 以保证 $U_{i,l}$ 是正交的）

（6）end for

（7）return 局部模体谱 $U_{k,l}$

步骤 3：搜索稀疏向量

获得局部模体谱 $U_{k,l}$ 后，通过解决以下线性规划问题来发现包含种子结点集合 S 的社区 C：

$$\text{min. } \boldsymbol{e}^{\mathrm{T}} \boldsymbol{y} = |\boldsymbol{y}|_1,$$
$$\text{s. t. . } \boldsymbol{y} = U_{k,l} \boldsymbol{x},$$
$$. \boldsymbol{y} \geqslant 0,$$
$$. \boldsymbol{y}(S) \geqslant 1, \tag{4-4}$$

其中，$\boldsymbol{e}$ 是元素为 1 的向量，$\boldsymbol{x}$ 和 $\boldsymbol{y}$ 是未知的向量。第一个限制条件表示 $\boldsymbol{y}$ 在子空间 $U_{k,l}$ 中；$\boldsymbol{y}$ 中的元素表示对应结点归属到社区的概率，第二个限制条件表示 $\boldsymbol{y}$ 中元素值是非负的，因为其元素值表示结点与社区的紧密程度；第三个限制条件保证种子结点在稀疏向量 $\boldsymbol{y}$ 中，也就是种子结点属于目标社区。在获得向量 $\boldsymbol{y}$ 之后，$\boldsymbol{y}$ 中的元素以非升序排序得到向量 $\hat{\boldsymbol{y}}$，$\hat{\boldsymbol{y}}$ 中的前 t 个元素对应的结点作为发现的社区，其中 t 由停止标准确定，该社区包含了种子结点集合 S。

步骤 4：扩张种子结点集合

在扩张阶段，使用向量 $\hat{\boldsymbol{y}}$ 的前 t 个元素对应的结点作为扩充种子结点集合，记为 S_0，然后使用增强的种子结点集合 S_0 重复步骤 2 和步骤 3。通过每次对种子结点集合增加 s 个结点，迭代地提升发现的社区质量，其中 s 为种子扩展的步长，可以用作调整收敛速度的可调参数。通常，较大的扩展步长会导致性能降低，但运行速度更快，迭代次数更少。在实验中，将种子扩展步长固定为 6。种子扩展的迭代次数由停止标准确定。

2. 停止标准

如果数据带有社区真实值，则能保证上述算法在数次迭代内停止，因为一旦种子结点集合的大小超过真实社区的大小，种子结点集合将不再扩张。该算法将在迭代期间找到具有最高 $F1$ 分数的社区作为结果。然而，在实际情况中，社区的真实值往往不可用，很难在停止扩张时正好发现"最好"的社区。如果能解决如下问题即可回答何时停止扩张问题：

① 如何在给定种子结点集合 S 的情况下自动确定社区的大小；

② 何时在扩展阶段停止扩充种子结点集合。

（1）确定社区大小

相关学者已经证明随机游走能产生具有导电率保证的社区[8]，并保证在基于局部发现社区的方法中定义自然社区的边界。事实上，将无关结点包含在目标社区中将不可避免地增加导电率，找到低导电率社区可以确保找到的成员与已知种子结点集合之间的接近程度。在文献［2］和［15］中，作者采用导电率作为基于种子扩展发现社区的度量标准。小社区的局部导电率包含有价值的信息，可以用作基于结点和连边层次的局部社区发现方法的停止标准。本节使用导电率泛化

定义，即模体导电率[16]作为发现局部社区的停止标准。[模体导电率的定义见式（4-8）]

假设已经粗略估计网络中社区大小的下限和上限，分别用 min 和 max 表示，在步骤 3 中，在获得排序后的向量$\hat{y}$之后，在 y_g 处截断排序后的向量，使得不小于 y_g 的元素对应的结点作为目标社区。为了找到 y_g 的最佳值，将 Λ_i 表示为$\hat{y}$中的前 i 个元素对应的结点集合，然后计算 Λ_i 的模体导电率，$min \leqslant i \leqslant max$。实际上，随着社区从小到大变化，相应的模体导电率将以非单调模式变化，通常是先慢慢变小，然后慢慢变大。在该曲线上，第一个模体导电率的极小值，记为 ϕ_S^{min}，所对应的截断 y_g 的位置，将其以上的对应的结点作为估计的社区，该社区包含了种子结点集合 S。

（2）扩张过程的停止

在步骤 4 中，当通过扩展操作来增加种子结点集合时，不同的种子结点集合将导致不同的稀疏向量$\hat{y}$，从而导致可能发现不同的社区。实际上，在扩展过程中，其中一个种子结点集合将扩展成最好的社区，所以需要确定何时停止扩展过程，本节采用与确定社区规模类似的方式解决。实际上，在扩展期间跟踪不同种子结点集合的 ϕ_S^{min} 值，并在 ϕ_S^{min} 达到局部最小值并且第一次开始增加时停止扩展种子结点集合。

3. 通过采样降低时间复杂度

从大规模网络中发现小社区时，如果考虑整个网络的结构，那么花费的代价将是非常高的，比如内存存储。本章旨在准确地发现目标社区，同时保持使用最小的结点规模。采样是解决内存消耗问题的有效解决方案，因为采样后只需将部分网络结构加载到内存，而不必将整个网络加载到内存中。实际上，离种子结点越近的结点出现在目标社区中的概率越大，基于上述假设即可通过仅探索网络的一部分而不是整个网络来降低时空复杂度。此部分网络应该尽量多的包含目标社区中的结点，最好包含目标社区中的所有结点成员，并在目标社区中包含尽可能多的结点，并保持与目标社区大小相当的规模。

本节使用随机游走来采样网络，在几步随机游走之后，具有大概率值的结点更有可能出现在目标社区中，而具有小概率值的结点将被视为相对于目标社区来说的冗余结点。如果存在包含种子结点集合的目标社区，根据文献[8]，这个目标社区的边界将成为随机游走扩散的瓶颈，因为社区内的成员之间的连接紧密，相互之间互相随机游走的概率较大，就会造成随机游走大概率地只在社区内部游走。值得注意的是，其他采样方法，将忽略这种基于社区定义的瓶颈，并在完成采样社区中的所有结点成员之前快速采样整个网络，这样就会导致将很多对目标社区来说冗余的结点引入待处理网络中，而且可能没有完全包含目标社区中成员，导致发现社区的效果降低，例如广度优先搜索（breadth first search，BFS)。也就是说，如果通过 BFS 采样与随机游走采样相同大小的子图，那么 BFS 采样子图中包含目标社区中的结点要少于随机游走采样子图中的目标社区中包含的结点数目。在真实世界数据集的实验中，对于种子结点集合 S 中的结点，本节采用 3 步随机游走生成候选子图，然后根据子图中结点的概率以非升序对结点进行排序，最后，截取前 3 000 个结点作为子图的结点，然后把原图中对应的边添加到子图中，即形成包含结点和边的子图。

4. 时间复杂度分析

假设可以在 $O(1)$ 时间内访问和修改矩阵元素。设 m 和 n 分别表示网络中的连边和结点的数量。在步骤 1 中，生成 $\boldsymbol{W}_M$ 的计算时间受到查找网络中所有模体实例时间的限制，本节考虑两类模体类型：三角形和楔形，对于三角形模体类型，文献 [17] 提出一种以 $O(m^{1.5})$ 时间复杂度的算法枚举三角形，由于将有向网络变为无向网络是线性的并且可以在 $O(1)$ 时间内检查三角形在有向网路中属于哪种模体类型，所以生成模体邻接矩阵的时间复杂度为 $O(m^{1.5})$；对于楔形模体类型，通过查看每个结点的每对邻居来列出所有楔形模体实例，即可以在 $O(nd_{max}^2)$ 时间内列出所有楔形模体类型的实例，其中 d_{max} 是网络中的最大度数。在步骤 2 中，产生局部模体谱 $U_{k,l}$ 的计算时间受到正交矩阵 $\boldsymbol{U}_{k,l}$ 的时间的限制，其时间复杂度为 $O(m'n'^2)$，其中 m' 和 n' 表示子图 G_S 中的边和结点的数量。在步骤 3 中，可以在 $O(n')$ 计算复杂度内找到稀疏向量。在步骤 4 中，向量排序的时间复杂度为 $O(n'\lg n')$。三角形模体类型和楔形模体类型的总体计算复杂度分别为 $O(m^{1.5}+m'n'^2+n'+n'\lg n')$ 和 $O(nd_{max}^2+m'n'^2+n'+n'\lg n')$。注意，在大规模网络中，$n'$ 远小于 n。

4.2.3 实验结果与分析

1. 数据集

（1）人工合成网络介绍

LFR 基准网络[18]已被广泛用于评价社区发现算法性能。LFR 生成的基准网络带有社区的真实值，其可以通过调整参数来生成具有不同拓扑特征的网络，这些参数包括网络大小 n，平均度 k，最大度 k_{max}，社区大小的最小值和最大值 $|C|_{min}$ 和 $|C|_{max}$，混合参数 μ。在这些参数中，混合参数 μ 是一项很重要的参数，它是控制每个结点与社区内结点的连边与社区外结点的连边的比例的参数。通常，μ 变大会导致社区之间的连边增加，使得发现社区的难度增加，算法发现社区的性能降低。为了评测本节方法的有效性，生成 8 个网络，其 μ 值分别为 0.1 到 0.8。具体参数如表 4-1 所示。

表 4-1　LFR 数据集的参数

参　数	描　述	值	参　数	描　述	值
n	网络规模	2 000	μ	混合参数	0.1, …, 0.8
k	平均度	10	k_{max}	最大度	50
$|C|_{min}$	最小社区规模	20	$|C|_{max}$	最大社区规模	50

（2）真实世界网络数据集

为了在真实世界网络上测试本节所提方法的有效性，这里收集了来自 SNAP（stanford network analysis project）和 Uri AlonLab 的五个真实世界网络数据集。表 4-2 总结了数据集的统计信息。这些数据集涵盖了网络应用的多个领域，包括食物链网络（FloridaBay）、生物网络（E. Coli）、引文网络（HepPh）、社交网络（Slashdot）和 WWW 网络（WebStanford）。在 FloridaBay 食物链网络中，每个结点代表一种有机体或物种，每条边代表物种之间的猎食关系，根据其生态分类对每个结点进行社区标记；在 E. Coli 转录网络中，每个结点代表操纵子，并且每条边从编码转录因子的操纵子指向其直接调节的操纵子，根据其特定功能对每个结点（操纵子）进行社区标记。HepPh 引文网络来自 arXiv 论文出版数据库，其中每个结点代表一篇学术论文，每条边代表后期论文对早期论文的引用。在 Slashdot 社交网络中，每个结点代表用户，每条边代表两个用户之间的关注关系。在 WebStanford WWW 网络中，每个结点表示 WWW 网络中的页面，并且有向边表示从源页面到目标页面的超链接。

表 4-2　真实世界网络数据的特征统计

领　域	数据集	结点数	边　数	聚集系数	是否带有社区真实值
食物链网络	FloridaBay	128	2 106	0.334 6	是
生物网络	E. Coli	418	519	0.086 5	是
引文网络	HepPh	345 46	421 578	0.284 8	否
社交网络	Slashdot	773 60	905 468	0.055 5	否
万维网网络	WebStanford	281 903	2 312 497	0.597 6	否

2. 评价指标

本节在带有和不带有社区真实值的网络数据集上分别采用 F1 评分指标和模体导电率来评估各个社区发现方法的性能：

① 采用 F1 评分来评估发现社区与真实社区之间的相似性；

② 采用模体导电率评价从网络中发现的局部社区的质量。

（1）F1 评分

对于评估度量，本节采用 F1 分数来量化算法社区 C 与真实社区 C^* 之间的相似性。F1 评分得分越高表示算法的性能越好。每对 (C,C^*) 的 F1 评分定义如公式（4-5）所示：

$$F1(C,C^*) = \frac{2 \cdot \text{Precision}(C,C^*) \times \text{Recall}(C,C^*)}{\text{Precision}(C,C^*) + \text{Recall}(C,C^*)} \tag{4-5}$$

其中 Precision 和 Recall 定义如公式（4-6）和公式（4-7）所示：

$$\text{Precision}(C,C^*) = \frac{|C \cap C^*|}{|C|} \tag{4-6}$$

$$\text{Recall}(C,C^*) = \frac{|C \cap C^*|}{|C^*|} \tag{4-7}$$

其中，$|C \cap C^*|$ 表示在算法发现社区 C 和真实社区 C^* 中同时出现的元素的个数。$\text{Precision}(C,C^*)$ 表示算法发现的社区中包含真实社区中的结点的比例。$\text{Recall}(C,C^*)$ 表示真实社区中结点被成功发现的比例。

（2）模体导电率（motif conductance）

为了评估没有社区真实标签的社区，本节采用模体导电率[16]来衡量发现的社区 C 的质量的好坏，模体导电率越低，说明算法发现的社区的质量越高。社区的模体导电率定义如公式（4-8）所示：

$$\phi_M(C) = \frac{\text{cut}_M(C,\overline{C})}{\min[\text{vol}_M(C),\text{vol}_M(\overline{C})]} \tag{4-8}$$

其中 C 表示算法发现的社区，$\overline{C}$ 表示网络中的剩余结点组成的集合（即社区 C 的补集），$\text{cut}_M(C,\overline{C})$ 表示社区 C 分割的模体 M 的实例的个数，被分割的模体 M 的实例是指该实例中至少有一个结点在社区 C 且至少有一个结点在社区 $\overline{C}$ 中。$\text{vol}_M(C)$ 表示社区 C 内参与模体 M 的实例的结点的个数，公式（4-8）是传统导电率的泛化形式，传统导电率是一种衡量图划分质量好坏的最流行的指标之一。本节将社区 C 关于模体 M 的模体导电率记为 $\phi_M(C)$。

3. 实验设置

所有实验都在装有 Windows 10，双核 3.6 GHz CPU 和 8G 内存的 PC 机上进行。本节提出的方法基于 Python 实现。对比方法如下。

① Heat Kernel[19]是一种图扩散方法，用来局部地发现种子结点集合附近的社区，该方法可通过计算扩散发现确定的社区。

② LEMON[2]通过短随机游走生成局部谱空间，然后在局部谱空间搜索稀疏向量，进而发现局部社区。

③ Personalized PageRank（PPR）[20]从种子集合出发，利用个性化 PageRank 方法发现目标社区的其他成员。

④ Seed Set Expansion（SSE）[21]：是一种基于种子集合扩张的方法，该方法首先选择好的种子集合，然后使用 PPR 扩张种子集合，进而发现具有最小导电

率的社区。

⑤ LinLog+motif[22]是一种基于力引导和模体加权嵌入的社区发现方法。

⑥ MAPPR[23]是一种基于模体的近似随机游走方法，能发现具有最小模体导电率的社区。本节采用 $\alpha=0.98$ 和 $\varepsilon=0.0001$ 的参数设置。

⑦ TECTONIC[24]是一种基于 motif 对原始网络进行加权，然后移除低于指定阈值 θ 的边，进而发现社区，此处参数设置 $\theta=0.06$。

⑧ LCD-Motif 是本节提出的方法，该方法通过短随机游走生成局部谱空间，然后在局部谱空间搜索稀疏向量，进而发现局部社区。本章设置空间维度参数 $l=2$ 和随机游走步长参数 $k=3$。

4. 人工合成网络实验

为了评估 LCD-Motif 的有效性，在八个合成网络上进行了实验，图 4-3 展示了 LCD-Motif 和最新方法在 LFR 基准网络上的平均 F1 评分的对比。图 4-3 表明 LCD-Motif 在大多数 LFR 基准网络上的表现优于其他对比方法。特别是当混合参数 μ 在 0.2 和 0.7 之间时。如图 4-3 所示，与基线中的最佳结果相比，LCD-Motif 的效果提升比较明显。在七个基线方法中，SSE 和 HeatKernel 在大多数合成网络上的表现都很差，这是因为 SSE 和 HeatKernel 发现的社区比真实社区大得多。

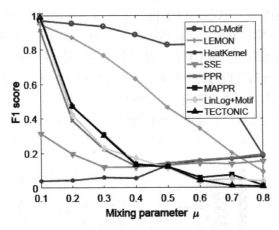

图 4-3　人工合成网络上的 F1 评分对比

5. 在具有社区真实值网络上的实验结果

为了评估 LCD-Motif 算法的有效性，在两个具有社区真实值的网络——FloridaBay 食物链网络和 E. coli 转录网络的真实世界网络上进行实验。图 4-4（a）给出了具有社区真实值的两个网络的实验结果，并且 LCD-Motif 在对比方法中获得了最高的 F1 分数。值得注意的是，本章分别基于模体 M_6 和 M_5 发现 FloridaBay 食物链网络和 E. coli 转录网络中的局部模体社区。实际上，在 FloridaBay 食物链网络中，M_6 刻画了两种互相捕食的物种且以共同的第三物种为食的食物链模式。FloridaBay 食物链网络包含四层生态系统，可以通过模体 M_6 揭示 FloridaBay 食物链网络中的高阶交互模式。在 E. coli 转录网络中，对应于一个社区的功能模块由许多具有特定链接模式的微簇组成，前馈循环模体 M_5 是 E. coli 转录网络的基本元素。由于这两个网络包含丰富的网络模体，而这些网络模体的实例能够刻画网络的社区。而 LCD-Motif 正是因为考虑了网络模体去发现社区，所以才能在与其他对比方法对比时获得最高的 F1 评分。

6. 在没有社区真实值网络上的实验结果

图 4-4（b）给出了在没有社区真实值的三个真实世界网络上的实验结果，三个网络分别是引文网络 HepPh、万维网网络 StanfordWeb 和社交网络 Slashdot。因为 LinLog+motif 在 StanfordWeb 和 Slashdot 网络上未能运行结束，所以使用空白来表示其结果。本节分别基于 M_5，M_7 和 M_7 去发现 HepPh，StanfordWeb 和 Slashdot 网络中的局部社区。其合理性如下：在 HepPh 引文网络中，模体类型 M_5 建模论文 B 引用另一篇论文 C，且论文 A 同时引用论文 B 和 C 的情况，其对应的在实际情况可能是论文 B 扩展了论文 C 的工作，而论文 A 扩展了论文 B 和 C 的工作；在万维网网络 StanfordWeb 中，模体 M_7 建模了链接到相同的中心页面的页面之间相互链接的情况；在社交网络 Slashdot 中，模体 M_7 建模了拥有相同朋友的用户彼此是朋友的情况。这些网络中包含了较多对应的网络模体实例，而 LCD-Motif 正是基于网络模体发现局部模体社区，且该社区具有最小的模体导电率值，说明发现社区的效果最好。由于对比方法是基于点对形式的低阶组织形式的社区发现方法，因此将会导致发现的社区可能切割较多的模体实例，进而发现社区的模体导电率将会变大，所以无法正确找到富含模体实例的社区。显然，基于三个结点的模体来扩展种子结点集合会形成更紧密的社区。例如，通过基于模体的方法忽略仅有一个边连接到社区的悬挂结点，而这样的结点将增加社区的模体导电率。

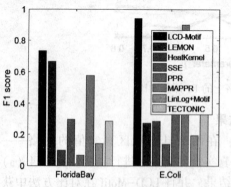
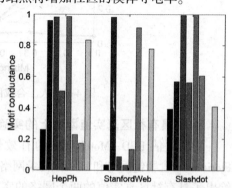

（a）在具有社区真实值网络上的F1评分对比　　　　（b）在没有社区真实值网络上的模体导电率对比

图 4-4　在真实世界网络上的基于变化的生成子空间维度和随机游走步长的模体导电率分析

7. 参数分析

随机游走步长 k 和生成子空间维度 l 是局部模体谱聚类算法中的关键参数。本节在真实世界网络上对这两个参数进行参数灵敏度研究。

生成子空间维度：为了研究参数生成子空间维度 l，将随机游走步长 k 固定为 3，并改变生成子空间维度 l 的取值，范围是从 1 到 15。图 4-5（a）显示改变维度 l 会导致一些模体导电率的波动。因为高维度空间会增加生成局部模体谱的计算代价，所以选择较大的维度是不合适的。在本节实验中采用 $l=2$，因为实验表明设置 $l=2$ 可以在统计上实现较低模体导电率。

随机游走步长：为了研究随机游走步长如何影响算法性能，本章将生成子空间维度 l 固定为 2，并将随机游走步长 k 从 1 到 15 依次取值。图 4-5（b）显示了改变随机游走步长 k 会导致一些模体导电率的波动，3 步随机游走基本可以发现具有较小模体导电率的社区。本节在所有数据集上采用随机游走步长 $k=3$。

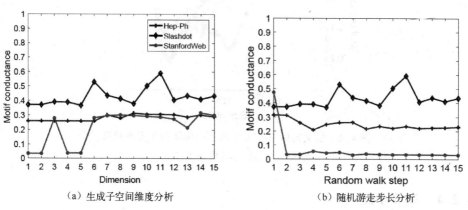

（a）生成子空间维度分析　　　　　　　（b）随机游走步长分析

图 4-5　在真实世界网络上的基于变化的生成子空间维度和随机游走步长的模体导电率分析

8. 模体类型的选择

在本节中，将介绍选择哪种模体类型来揭示网络的高阶组织形式结构。由于事先不知道网络是否富含某种模体类型实例，本章使用图 4-1 的每个模体类型来发现网络中的局部社区，根据发现社区的质量即模体导电率的大小来选择最有用的模体类型，但是有时候也没有必要去尝试每种模体类型，可以根据网络数据自身的特点来分析网络中可能存在的模体类型。比如在引文网络 HepPh 中，一定要符合新论文引用老论文的规律，所以该网络中不可能存在两篇论文相互引用或三篇论文呈环状引用的情况，故本节只分析没有双向和环状交互模式的模体类型 M_5，M_8，M_9 和 M_{10}（因为其他模体类型要么包含双向交互模式，要么包含环状交互模式）。进一步说明，在引文网络中，模体类型 M_8 表示一篇论文会同时引用多篇论文，实际上每一篇论文通常会引用多篇论文；模体类型 M_9 表示论文的引用链条，意味着研究工作的延续，事实上科研工作确实是这么展开的；模体类型

M_{10}表示一篇论文被多篇其他论文引用，实际上，一篇很重要的论文通常会有很高的引用量，比如文献[1]有着高达 9 395 的引用量①。其实模体类型 M_5 包含了论文的所有引用模式，比模体类型 M_8、M_9、M_{10} 都复杂，可以将模体类型 M_5 看作模体类型 M_8、M_9、M_{10} 的综合体，把模体类型 M_5 的三条边依次取出其中一条边，M_5 就会变成其他三种模体类型。图 4-6 展示了引文网络 HepPh 中不同模体类型对应的模体导电率的图谱。所有四个模体类型都在一定程度上揭示了高阶结构信息。从图 4-6 中可以看出，基于模体类型 M_8、M_9、M_{10} 发现社区具有较低的模体导电率，说明这三种模体类型更能揭示网络中高阶组织结构。

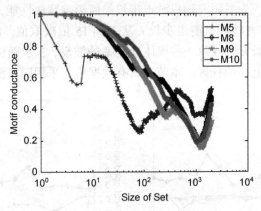

图 4-6   引文网络 HepPh 中的不同模体类型发现社区
的大小与其模体导电率的关系

4.2.4   本节小结

从大型网络中识别目标局部社区是一个必要的研究工作，而网络的高阶组织形式（模体）广泛存在于多种类型网络中，针对目前很少有工作考虑网络结构的高阶组织形式，本节提出了一种基于网络模体的局部社区发现方法，该方法通过结合网络模体生成模体邻接矩阵，接着利用短随机游走从种子结点集合出发生成局部谱空间，利用线性规划问题中的最小化 1 范数方法实现在局部谱空间中搜索稀疏向量，且保证种子结点包含在稀疏向量中，最后通过截断该向量生成具有局部最小模体导电率的结点集合作为目标社区。该方法通过随机游走生成子空间的方法克服了传统谱方法计算大量奇异向量的缺点。实验结果表明，本节提出的算法优于其他对比方法。

_____

① 参考谷歌学术数据，参考时间 2020 年 12 月 2 日。

4.3　基于种子结点扩张采样的社区发现方法

已有方法存在其不足之处。以基于随机游走的方法为例。尽管它们在链接预测任务中表现令人满意，并且潜力巨大，但是在保存社区结构方面却表现不佳。对于基于深度学习的方法，非欧几里德结构化数据（尤其是图）限制了它们的功能，并且其计算时间成本往往很高。此外，可伸缩性是基于矩阵分解的方法的关键缺陷，因为使用它们来处理具有数百万行和列的矩阵可能会占用大量内存，计算量大，甚至有时是不可行的[25]。

本书提出了一种基于社区抽样的新型网络嵌入模型。在 Deepwalk 和扩展采样（XS）[26]的启发下，本书修改采样策略，以更有效地保护网络的社区结构。此外，还使用 Skip-Gram 词嵌入模型来学习每个顶点的潜在表示向量。挑战如下：首先，需要不同的采样策略将社区结构信息融合到结点序列中；然后，如何在有限的随机距离内保持尽可能完整的社区结构是另一个重要的问题；最后，必须通过保留网络社区结构的结点序列中准确有效地学习，获取每个顶点在低维连续空间中的表示向量。

为了克服所提出的困难，我们的主要工作如下：首先，开发了一种种子扩展采样（SE）的新型网络采样方法，该方法可以扩展而有效地保存网络社区信息；其次，借助扩展因子，我们可以采样以最大化扩展，这意味着即使步行路程受到限制，社区内的采样结点也将以更快的方式扩展；最后，通过将通过以上两种策略获取的结点上下文信息馈入 Skip-Gram 模型，实现了结点嵌入。与最新技术相比，在多个社交网络上的大量实验结果证明了 SENE 的优越性。提出了一种称为 SENE 的新颖且可扩展的结点嵌入模型，该模型面向社区结构并从中尺度的角度学习社区表示形式；提出了一种网络采样算法来保留样本的社区隶属关系信息，该算法修改了 XS 算法的采样策略，从而使结点序列更具参考价值。

4.3.1　问题定义

1. 定义及记号

定义 4-1　$G=(V,E)$ 为无向无权图，其中 V 表示结点集合，$E \subset V \times V$ 表示边集合。

定义 4-2　S 表示种子集合且 $S \subset V$。S 代表了已采样的结点集合。

定义 4-3　$N(S)$ 表示集合 S 的邻居结点集合，当且仅当 $N(S) = \{v \in V-S: \exists w \in S \, s.t. \, v, w \in E\}$。

定义 4-4　$X(S)$ 表示 G 的残差结点集合，当且仅当 $X(S) = \{v \in V-(S \cup N(S))\}$。

定义 4-5　$v \in N(S)$。按照 S 和 $N(S)$，结点 v 的度分为三部分 $d_{in}(v)$，$d_{ns}(v)$，$d_{out}(v)$：

$$d_{in}(v) = |\{w : w \in S \quad \text{s. t.} (v,w) \in E\}|$$
$$d_{ns}(v) = |\{w : w \in N(S) \quad \text{s. t.} (v,w) \in E\}| \quad\quad (4-9)$$
$$d_{out}(v) = |\{w : w \in X(S) \quad \text{s. t.} (v,w) \in E\}|$$

定义 4-6　SE 表示结点 v 的种子扩张因素，其中 $v \in N(S)$。公式如下：

$$SE = \frac{d_{in}(v) - d_{out}(v)}{d_{ns}(v) - d_{out}(v)} \quad\quad (4-10)$$

2. 问题的形式

定义 4-7　（图嵌入问题）给定网络 $G=(V,E)$，图嵌入问题的目标是将每个结点 $v \in V$ 映射到低维空间 R^d 中，也就是说，学习函数 $V \rightarrow R^d$，其中 $d \ll |V|$。在 R^d 空间中，该函数保持了社区结构特征。

因此，嵌入将每个结点映射到一个低维向量，而不会丢失固有的社区结构。此外，必须找出具有最大扩展数的采样种子集 S，这正是种子扩展采样的策略。在定义 4-6 中，使用最大扩展策略定义最大扩展集。

定义 4-8　（最大种子扩张问题）给定图 $G=(V,E)$，最大种子扩张问题（MSEP）就是使用最大扩张策略发现采样种子集合 $S \subset V$，如下所示：

$$\text{argmax}\{SE\} = \text{argmax}\left\{\frac{d_{in}(v) - d_{out}(v)}{d_{ns}(v) - d_{out}(v)}\right\} \quad\quad (4-11)$$

4.3.2　SENE 模型

SENE 模型的第一步就是根据公式（4-9）计算每个结点的 $d_{in}(v)$，$d_{ns}(v)$，$d_{out}(v)$。第二步通过种子扩张采样方法生成结点的上下文。第三步将结点序列输入到 Skip-Gram 模型中并获得嵌入向量，包括了模型优化和参数更新。SENE 的整体框架如图 4-7 所示。

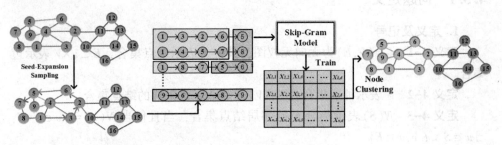

图 4-7　SENE 框架图

4.3.3　实验结果与分析

1. 数据集

WebKB：由 877 个科学出版物组成，分为五类。引用网络包含了 1 608 条边，数据集中的每个出版物都用 0/1 值的词向量描述，该向量指示字典中有 1 703 个唯一词的相应词的"存在/不存在"。该网络具有 4 个子网络，这些子网络分别从康奈尔大学，德克萨斯州，华盛顿大学和威斯康星州的 4 所大学收集，每个子网络分为 5 个社区。

Polblogs 政治博客网络：包含 1 222 个结点和 16 715 个边。这些结点代表相关美国政治的博客，而边则代表它们之间的网络链接。根据其政治标签（民主党和共和党），博客分为两个社区。

Facebook 网络：美国不同大学中的 Facebook 社交网络。对于每个用户，有六段元数据，并且将年级作为社区的真实值。更具体地说，我们在四所大学（即阿默斯特，汉密尔顿，密歇根州和罗切斯特）中使用了四个社交网络。

2. 对比方法

Deepwalk 首先在单个网络上应用随机游走。它着重于观察中心结点特定距离内的邻居。

Node2Vec 添加了一对参数，以在单个网络上执行 BFS 和 DFS 采样过程。它使用偏向随机游走，并在 BFS 和 DFS 算法之间进行权衡。

LINE 利用邻接矩阵和嵌入分别构建两个概率分布，并设计一个损失函数以最大程度地减小一阶和二阶接近度的 KL 散度。

SDNE 提出了结合一阶和二阶接近度的半监督深度模型。它可以代表本地和全局属性，也可以代表网络的非线性。

HOPE 通过传统测量的一般公式来近似高阶接近测量，并捕获不对称传递性。

3. 评价指标

NMI：定义 N 为混合矩阵（confusion matrix），其元素 N_{ij} 表示真实社区 i 中的结点出现在算法发现时社区 j 中的结点数量。给定真实社区结构数目 C_A 和算法发现社区数目 C_B，则 2 个社区划分之间的相似性度量 NMI（normalized mutual information）的公式为：

$$\mathrm{NMI}(A,B) = \frac{-2\sum_{i=1}^{C_A}\sum_{j=1}^{C_B} N_{ij}\lg\dfrac{N_{ij}N}{N_{i.}N_{.j}}}{\sum_{i=1}^{C_A} N_{i.}\lg\dfrac{N_{i.}}{N} + \sum_{i=1}^{C_B} N_{.j}\lg\dfrac{N_{.j}}{N}}, 0 \leqslant \mathrm{NMI} \leqslant 1 \qquad (4\text{-}12)$$

其中两个社区结构越相似，它们的 NMI 值越接近于 1。

Accuracy：是一种分类指标。聚类的质量通过使用聚类精度衡量。在二类和多类分类中，其作用相当于杰卡德相似系数。

4. 实验结果

对于社区发现任务，对比方法和 SENE 方法的准确性与 NMI 结果如表 4-3 和图 4-8 所示。通常，在所有 9 个社交网络数据集的准确性和 NMI 得分方面，SENE 方法都优于其他方法。更具体地说，与 Deepwalk 和 Node2vec 方法相比，SENE 成功地避免了偏向更大程度结点的偏向。此外，SENE 专注于同一社区中结点的相似性，而不是广义的一阶和二阶邻近性，这无疑有助于在社区保持方面优于 LINE。此外，与 SDNE 相比，SENE 需要设置的参数更少。最后，因为使用更少的矩阵分解算法，SENE 比 HOPE 更具可伸缩性。

表 4-3　各算法的社区发现的准确性

方　法	Deepwalk	Node2vec	LINE	SDNE	HOPE	SENE
Cornell	0.589 6	0.595 4	0.534 7	0.474 0	0.453 8	**0.627 2**
Texas	0.775 4	0.766 5	0.766 5	0.700 6	0.562 9	**0.787 4**
Washington	0.500 0	0.536 9	0.562 2	0.497 7	0.451 6	**0.569 1**
Wisconsin	0.658 0	0.675 3	0.663 8	0.675 3	0.623 6	**0.683 9**
Polblogs	0.793 8	0.793 8	0.788 1	0.686 6	0.628 5	**0.797 1**
Amherst	0.410 7	0.414 2	0.443 8	0.393 9	0.355 8	**0.468 6**
Hamilton	0.438 5	0.438 5	0.467 6	0.408 7	0.369 9	**0.470 2**
Mich	0.309 5	0.304 7	0.315 6	0.275 9	0.235 9	**0.424 2**
Rochester	0.365 2	0.316 3	0.341 5	0.235 6	0.311 7	**0.391 3**

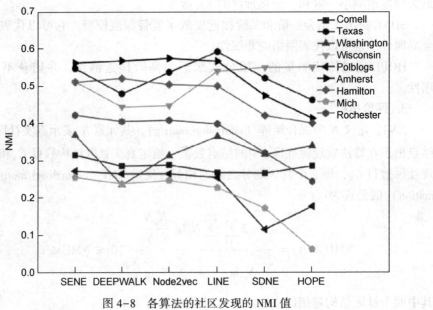

图 4-8　各算法的社区发现的 NMI 值

　　总而言之，SENE 方法不仅比五种比较方法保留了更准确的社区结构信息，而且还减轻了它们的缺点造成的影响。这是因为 SENE 构造了采样的种子集并修改了扩展的定义，以及传统扩展采样中的扩展集，从而使采样策略更加有效。此外，在某些网络（例如康奈尔，密歇根州和罗切斯特）上，与第二好的结果相比，SENE 仍可实现约 3% 到 10% 的改进。特别是在 Mich 网络上，SENE 的准确度比第二好的准确度高出 11%，这表明 SENE 方法在具有更清晰、更明确的社区结构的稀疏图上表现得更好。

本章参考文献

[1] FORTUNATO S. Community detection in graphs [J]. Physics reports, 2010, 486 (3-5): 75-174.

[2] LI Y, HE K, BINDEL D, et al. Uncovering the small community structure in large networks: A local spectral approach [A].//Proceedings of the 24th international conference on world wide web [C]. Florence, Italy: ACM Press, 2015: 658-668.

[3] MILO R, SHEN-ORR S, ITZKOVITZ S, et al. Network motifs: simple building blocks of complex networks [J]. Science, 2002, 298 (5594): 824-827.

[4] MANGAN S, ALON U. Structure and function of the feed-forward loop networkmotif [J]. Proceedingsof the National Academy of Sciences, 2003, 100 (21): 11980-11985.

[5] HOLLAND P W, LEINHARDT S. Social networks [M]. Elsevier, 1977: 411-432.

[6] HONEY C J, KÖTTER R, BREAKSPEAR M, et al. Network structure of cerebral cortex shapes functional connectivity on multiple time scales [J]. Proceedings of the National Academy of Sciences, 2007, 104 (24): 10240-10245.

[7] ROSVALL M, ESQUIVEL A V, LANCICHINETTI A, et al. Memory in network flows and its effects on spreading dynamics and community detection [J]. Nature communications, 2014, 5: 4630.

[8] PEROZZI B, AL-RFOU R, SKIENA S. Deepwalk: online learning of social representations [C]//Proceedings of the 20th ACM SIGKDD international conference on Knowledge discovery and data mining. ACM, 2014: 701-710.

[9] GROVER A, LESKOVEC J. Node2vec: scalable feature learning for networks [C]// Proceedings of the 22nd ACM SIGKDD international conference on Knowledge discovery and data mining. ACM, 2016: 855-864.

[10] WANG D, CUI P, ZHU W. Structural deep network embedding [C]//Proceedings of the 22nd ACM SIGKDD international conference on Knowledge discovery and data mining. ACM, 2016: 1225-1234.

[11] KIPF T N, WELLING M. Semi-supervised classification with graph convolutional networks [J]. arXiv preprint arXiv: 1609. 02907, 2016.

[12] OU M, CUI P, PEI J, et al. Asymmetric transitivity preserving graph embedding [C]//Pro-

ceedings of the 22nd ACM SIGKDD international conference on Knowledge discovery and data mining. ACM, 2016: 1105–1114.

[13] CAO S, LU W, XU Q. Grarep: learning graph representations with global structural information [C]//Proceedings of the 24th ACM international on conference on information and knowledge management. ACM, 2015: 891–900.

[14] ANDERSEN R, LANG K J. Communities from seed sets [A].//Proceedings of the 15th international conference on World Wide Web [C]. Edinburgh, UK: ACM Press, 2006: 223–232.

[15] WHANG J J, GLEICH D F, DHILLON I S. Overlapping community detection using neighborhood-inflated seed expansion [J]. IEEE Transactions on Knowledge and Data Engineering, 2016, 28 (5): 1272–1284.

[16] BENSON A R, GLEICH D F, LESKOVEC J. Higher-order organization of complex networks [J]. Science, 2016, 353 (6295): 163–166.

[17] LATAPY M. Main-memory triangle computations for very large (sparse (power-law)) graphs [J]. Theoretical computer science, 2008, 407 (1–3): 458–473.

[18] LANCICHINETTI A, FORTUNATO S, RADICCHI F. Benchmark graphs for testing community detection algorithms [J]. Physical review E, 2008, 78 (4): 046110.

[19] KLOSTER K, GLEICH D F. Heat kernel based community detection [A].//Proceedings of the 20th ACM SIGKDD international conference on Knowledge discovery and data mining [C]. New York, USA: ACM Press, 2014: 1386–1395.

[20] KLOUMANN I M, KLEINBERG J M. Community membership identification from small seed sets [A]. // Proceedings of the 20th ACM SIGKDD international conference on Knowledge discovery and data mining [C]. New York, USA: ACM Press, 2014: 1366–1375.

[21] WHANG J J, GLEICH D F, DHILLON I S. Overlapping community detection using neighborhood-inflated seed expansion [J]. IEEE Transactions on Knowledge and Data Engineering, 2016, 28 (5): 1272–1284.

[22] LIM S, LEE J G. Motif-based embedding for graph clustering [J]. Journal of StatisticalMechanics: Theory and Experiment, 2016, 2016 (12): 123401.

[23] YIN H, BENSON A R, LESKOVEC J, et al. Local higher-order graph clustering [A].//Proceedings of the 23rd ACM SIGKDD International Conference on Knowledge Discovery and Data Mining [C]. Halifax, Canada: ACM Press, 2017: 555–564.

[24] TSOURAKAKIS C E, PACHOCKI J, MITZENMACHER M. Scalable motif-aware graph clustering [A].//Proceedings of the 26th International Conference on World Wide Web [C]. Perth, Australia: ACM Press, 2017: 1451–1460.

[25] ZHANG D, YIN J, ZHU X, et al. Network representation learning: A survey. IEEE Transactions on Big Data, 2018.

[26] MAIYA, ARUN S., TANYA Y, et al. Benefits of bias: Towards better characterization of network sampling. Proceedings of the 17th ACM SIGKDD international conference on Knowledge discovery and data mining. ACM, 2011, 105–113.

第 5 章　重叠社区发现方法

5.1　概述

在真实世界网络中，结点往往属于多个社区，比如同一个学者可能对多个研究领域感兴趣，若按研究领域将学者划分社区，则该学者属于多个领域社区。目前，重叠社区发现是网络分析中的一个研究热点。将结点归属到多个社区使得重叠社区发现具有高度的复杂性。同时，重叠社区发现存在一些问题：孤立点导致重叠社区发现效果降低，采用随机机制的方法发现重叠社区结果不稳定，社区之间过度重叠；如何高效处理大规模网络，等等。本章针对以上问题，提出以下两种方法。

① 提出一种基于粗糙集的重叠社区发现方法，该方法将社区描述为两个集合，一个集合包含了不可重叠的结点，另一个集合包含了可重叠的结点，通过阈值可以调节可重叠结点集合的大小。

② 提出一种基于边的重叠社区发现方法及其并行化方法，提高了发现重叠社区的效果和效率。

5.2　基于粗糙集的重叠社区发现方法

本节提出一种基于粗糙集理论的重叠社区结构发现算法，将社区定义为粗糙社区，粗糙社区包含了两个集合：社区的上近似集和社区的下近似集。其中社区的下近似集包含了肯定属于社区的结点，即不可重叠的结点；社区的上近似集不仅包含肯定属于社区的结点，也包含了可能属于多个社区的结点；而社区的边界区域包含了属于社区上近似集而不属于社区下近似集的结点，即可重叠的结点。通过社区的边界区域能够刻画社区的模糊区域。方法的主要思想是利用结点的网络结构计算出结点之间的结构相似性，利用结点之间的相似性构建结点画像，将结点从网络空间转换到欧氏空间，通过结点的中心性选出社区的中心结点，通过定义的距离度量将结点关联到社区的近似集中，收敛后得到社区结果。

本节的主要贡献如下。

① 通过粗糙集理论描述社区，将社区刻画成上下近似集，下近似集中的结

点肯定属于社区，上近似集包含下近似集，边界区域为二者只差，其中边界区域包含可能属于多个社区的。

② 提出一种能发现粗糙社区的方法，该方法定义结点画像、社区中心，然后计算结点与社区中心的距离，根据该距离与指定阈值的关系确定结点与社区的关系；通过易调节的阈值可以控制社区之间重叠范围的大小。

5.2.1 预备知识与定义

为了更好地说明粗糙社区的概念，图5-1给出了示例网络以说明传统社区和粗糙社区的区别。在图5-1（a）中有两个社区，每个社区描述为一个集合。在图5-1（b）中，左边的社区包含两种类型结点：一类是不可重叠的结点，包括{1,2,3,4}；另一类是可重叠的结点，包括{5}。同时在图5-1（b）中，右边社区也包含了两种类型结点：一类是不可重叠的结点，包括{6,7,8,9,10}；另一类是可重叠的结点，包括结点{5}。从图中可以看出，结点5是两个社区的重叠结点。

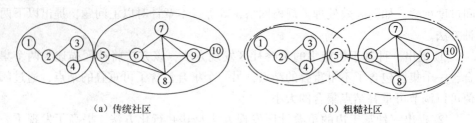

(a) 传统社区 　　　　　　　　　　　　(b) 粗糙社区

图5-1　传统社区与粗糙社区区别的示例网络

定义 5-1　（结点结构）设 $u \in U$，则结点 u 的结构定义为邻居结点及自身，记为 NB(u)：

$$NB(u) = \{w \in U \mid (w,u) \in E\} \cup \{u\} \tag{5-1}$$

定义 5-2　（结构相似性）设 $u,w \in U$，则结点 u,w 之间的结构相似性通过两结点的共同邻居个数与两结点邻居个数乘积的算术平方根的比值，记为 $s(u,w)$：

$$s(u,w) = \frac{|NB(u) \cap NB(w)|}{\sqrt{|NB(u)| \cdot |NB(w)|}} \tag{5-2}$$

通过两个结点的共同邻居定义其结构相似性，如果结点 u 和 w 直接相连，两者之间共同邻居越多，其结构相似性 $s(u,w)$ 就越大。如果两者具有相似的拓扑结构，那么它们也许具有相似的功能。网络拓扑上的相似性决定了两个结点之间的相似的程度。

定义 5-3　（结点画像）设 $u,w_i \in U$，$i = 1, \cdots, N$，将结点定义为一个向量，该向量由结点 u 与网络其他结点的结构相似性构成，记为 NP(u)：

$$NP(u) = (s_1, \cdots, s_N) \tag{5-3}$$

其中，$N=|U|$ 是网络中结点的个数，$s_i=\delta(u,w_i)*s(u,w_i)$，如果 $(u,w_i)\in E$，那么 $\delta(u,w_i)=1$，否则 $\delta(u,w_i)=0$。需要注意，如果结点 u 的度比较小，则结点画像是稀疏向量，否则是稠密向量。

定义 5-4　（等价类）设 U 是非空集合，是等价关系。对于 $u\in U$，结点 u 的 R 等价类[1] 定义为：

$$\{u\}_R=\{x\mid x\in V,(u,x)\in R\}\}\tag{5-4}$$

$$U=\bigcup_{i=1}^{i=|C|}|u_i|_R\tag{5-5}$$

$$U/R=\{[u_1]_R,\cdots,[u_{|C|}]_R\}\tag{5-6}$$

其中 $|C|$ 是等价类的个数，并且当 $i\neq j$ 时，$[u_i]_R\cap[u_j]_R=\Phi$，U/R 是集合 U 的等价划分。

定义 5-5　（上、下近似集与边界区域）对于集合 $C^i\subset U$，C^i 的上近似集、下近似集和边界区域分别定义为 $\mathrm{Upper}(C^i)$、$\mathrm{Lower}(C^i)$ 和 $\mathrm{Boundary}(C^i)$，形式如下[1]：

$$\mathrm{Upper}(C^i)=\{u\mid u\in U,[u]_R\cap C^i\neq\Phi\}\tag{5-7}$$

$$\mathrm{Lower}(C^i)=\{u\mid u\in U,[u]_R\subset C^i\}\tag{5-8}$$

$$\mathrm{Boundary}(C^i)=\mathrm{Upper}(C^i)-\mathrm{Lower}(C^i)\tag{5-9}$$

显而易见，$\Phi\subseteq\mathrm{Lower}(C^i)\subseteq C^i\subseteq\mathrm{Upper}(C^i)$，$\mathrm{Lower}(C^i)$ 包含了确定属于社区 C^i 的结点，$\mathrm{Upper}(C^i)$ 包含了确定及可能属于社区 C^i 的结点，$\mathrm{Boundary}(C^i)$ 包含了可能属于社区 C^i 的结点，用来刻画社区的边界区域。结点 u 与社区 C^i 的近似集之间满足以下三条性质[2]：

① 结点最多只能属于一个社区的下近似集；

② 如果结点属于社区的下近似集，那么该结点一定属于社区的上近似集；

③ 如果结点属于两个及以上社区的上近似集，那么该结点不属于任何社区的下近似集。

定义 5-6　（社区中心）对于第 i 个社区 C^i，其中心可以是一个网络中的结点也可以是一个虚拟结点，社区中心是一个向量，由该社区中的结点画像 $\mathrm{NP}(u)=\{s_1,\cdots,s_N\}$ 计算得来，记为 $\mathrm{CC}(C^i)=(C_1^i,\cdots,C_N^i)$。传统方法计算 $\mathrm{CC}(C^i)$ 的分量 C_j^i，公式如下：

$$C_j^i=\frac{1}{N}\sum_{c\in C^i}s_j\tag{5-10}$$

其中，N_i 是社区 C^i 包含结点的个数，s_j 是结点画像的第 j 个分量。在引入了社区的上下近似集之后，解决了社区 C^i 模糊区域描述的问题。则社区 C^i 可以使用两个近似集来表示，即（$\mathrm{Lower}(C^i)$，$\mathrm{Upper}(C^i)$）。这里，在计算社区中心 $\mathrm{CC}(C^i)$ 的分量 C_j^i 时，不仅考虑了社区 C^i 的下近似集 $\mathrm{Lower}(C^i)$ 中的结点，同时也考虑了边界区域 Boundary(C^i) = Upper(C^i) – Lower(C^i) 中的结点，则改进的计算社区中心向量 CC(C^i) 的分量 C^i 的公式如下：

$$C_j^i = \begin{cases} k \times \dfrac{\sum\limits_{u \in \text{Lower}(C^i)} s_j}{|\text{Lower}(C^i)|} + l \times \dfrac{\sum\limits_{u \in \text{Boundary}(C^i)} s_j}{|\text{Boundary}(C^i)|} & \text{如果 Boundary}(C^i) \neq \Phi \\[20pt] \dfrac{\sum\limits_{u \in \text{Lower}(C^i)} s_j}{|\text{Lower}(C^i)|} & \text{其他情况} \end{cases}$$

(5-11)

公式中 $|\text{Lower}(C^i)|$ 表示社区 C^i 下近似集包含结点的个数，$|\text{Boundary}(C^i)|$ 表示社区 C^i 边界区域包含结点的个数。s_j 是结点 u 画像的第 j 个分量。k 是下近似集的加权参数，l 是边界区域的加权参数，且 $k+l=1$。如果 $l=0$，则边界区域中的结点将不参与社区中心向量的计算。

定义 5-7 （结点与社区的距离） 结点与社区的距离定义为结点向量与社区中心向量的距离，则结点向量 NP(u) = $\{s_1, \cdots, s_N\}$ 与社区中心向量 CC(C^i) = ($C_1^i, \cdots, C_N^i$) 之间的距离计算公式如下：

$$d(u, C^i) = \sqrt{\frac{\sum\limits_{j=1}^{N} (s_j - C_j^i)^2}{N}}$$

(5-12)

其中，$N = |U|$ 是网络中结点的个数。使用 $d(u, C^i)/d(u, C^j)$ 比值决定结点 u 与两个社区 i，j 之间的关系，规则如下[2]：

① 为找到社区的上近似集，引入参数 $\lambda \geq 1$，不失一般性，设 $d(u, C^i)/d(u, C^j) \leq \lambda$，$1 \leq i, j \leq |C|$ 并且 $i \neq j$，$|C|$ 表示社区的个数。如果 $u \in \text{Boundary}(C^i)$，那么 $u \in \text{Boundary}(C^j)$。进一步说，结点 u 不属于任何社区的下近似集，此规则满足了结点与社区近似集之间关系的性质③。

② 否则 $u \in \text{Lower}(C^i)$，其中 $1 \leq i \leq |C|$。同时根据性质②有 $u \in \text{Upper}(C^i)$，根据性质①可知结点 u 不会属于其他社区的下近似集。

5.2.2　方法

1. CDRS 算法框架

社区的中心结点是社区中最重要的成员，并且每个社区由一个最重要的中心结点及与其相关联的结点组成。CDRS 的基本思想就是首先找到每个社区的最重要的中心结点，即 $|C|$ 个中心结点。然后根据网络中其他结点与 $|C|$ 个中心结点之间的距离，将结点关联到 $|C|$ 个社区的上下近似集中。

算法 5-1 给出了 CDRS 的主要步骤。首先选择 $|C|$ 个社区的初始中心结点，然后再将结点关联到社区的近似集与计算新的中心结点之间迭代。首先根据网络的边集合，计算直接相连结点之间的相似度；接着选出 $|C|$ 个社区的中心结点，将网络中其他结点与中心结点相关联形成社区的上下近似集，然后根据社区的上下近似集中的结点重新计算社区中心结点，如此迭代，直到社区中心不再发生变化。

算法 5-1　CDRS 算法

输入:社交网络 $G=(U,E)$,社区个数 $|C|$

输出:社区集合 $C=\{C_1,\cdots,C_{|C|}\}$

for 所有的边 $(u,v)\in E$ do

　　根据定义 5-2 计算结点 u 与 v 之间的结构相似度

end for

根据算法 5-2 产生 $|C|$ 个社区的中心结点

while 当前社区中心存在与上次迭代产生的社区中心结点不同的中心结点 do

　　//发现社区

　　for 每个结点 $u\in U$ do

　　　　使用算法 5-3 将结点 u 赋值到对应社区的近似集中

　　end for

　　//更新社区的中心结点向量

　　使用算法 5-4 根据结点与社区近似集的关系生成社区集合 C,并重新计算社区的中心结点向量

end while

return C

2. 社区中心初始化方法

初始社区中心结点选择是关键。选择正确的中心结点将会加快算法的收敛速度，而选择错误的中心结点必然导致额外的迭代次数，甚至陷入局部最优。为了能够选择正确的社区中心结点，使用启发式规则选择社区的初始中心结点，按照结点的中心性选择社区中心结点。结点的中心性反映了结点在网络中的重要程度。有许多衡量结点中心性的方法，比如度中心性、介数中心性、接近中心性，等等。通过实验，选择度中心性作为本书的中心性度量方法，因为度中心性容易计算并且能得到不错的结果。如果直接按照中心性选择网络中前 $|C|$ 个结点作为社区的中心结点，可能会导致错误的结果，因为前 $|C|$ 个结点可能有的结点属于同一个社区。为了解决这个问题，应该选择不在相同社区的 $|C|$ 个结点作为中心结点，在此，引入共同邻居个数参数 1,通过中心结点之间的共同邻居个数来判断候选中心结点是否在同一个社区，如果两个候选中心结点的邻居个数大于 1,

则认定两个结点属于同一社区，否则不在同一社区。该|C|个结点应该是对应社区中的具有最高中心性的结点，本节采用贪心策略来选择前|C|个中心结点。主要思想是根据度中心性将结点从高到低排序，依次选取当前最高度中心性的结点作为候选中心结点，检查候选中心结点与当前已选出的中心结点之间的共同邻居数是否大于1，如果共同邻居数大于1，则放弃候选中心结点，否则将候选中心结点加入当前中心结点列表中。通过真实网络实验发现共同邻居个数1参数取值为5时，可以很好地选择出各个社区的中心结点。算法详细步骤见算法5-2。

算法5-2   选择中心结点算法

输入：社交网络 G=(U,E)，社区个数|C|，共同邻居个数1

输出：中心结点列表 CNL

将结点列表按照结点中心性从高到低排序

将具有最高中心性的结点添加到中心结点列表 CNL，并将该结点从有序结点列表中删除

while 中心结点个数小于|C| 时 do

    //找下一个中心结点

    从结点列表中选取中心性最高的结点 u 为候选中心结点

    if 结点 u 与列表 CNL 中任意中心结点的共同邻居数小于1 then

        将结点 u 添加到中心结点列表 CNL 中

    end if

end while

return C

---

3. 将结点关联到社区的上下近似集

社区的中心结点代表所在社区，将结点关联到社区近似集，就是通过结点与社区中心结点的关系判断结点与社区之间的关系。对于网络中的每个结点 u，通过计算结点 u 与各个社区中心结点 c 之间的距离，找出离结点 u 距离最近的中心结点与最小距离，然后通过结点 u 到其他中心结点的距离与最小距离的比值大小，根据结点与社区近似集的三条性质判定结点 u 与各个社区之间的关联关系。算法细节见算法5-3 结点关联社区近似集。

算法5-3   结点关联社区近似集

输入：社交网络 G=(U,E)，中心结点列表 CNL，阈值 λ

输出：关联到社区近似集的结点集合 U

设 minDistance 表示结点与各个社区之间的最小距离，初始值足够大

设 BCN 表示离结点最近社区的编号，初始值为-1

for 每个结点 u∈U do

　　//寻找结点 u 与各个社区中心结点之间最小的距离

　　使用定义 5-7 计算结点 u 与 CNL 中各个中心结点之间的距离

　　找出离结点 u 距离最近的中心结点及距离,分别保存到 BCN 和 minDistance 中

　　//将结点 u 关联到对应社区近似集

　　for 中心结点列表 CNL 中的每个中心结点 c do

　　　　if $d(u,c)/d(u,BCN) \leqslant \lambda$ then

　　　　　　将结点 u 关联到中心结点 c 和 BCN 所对应的社区的上近似集中,

　　　　　　分别为 $Upper(C^i)$ 与 $Upper(C^{BCN})$

　　　　end if

　　end for

　　if 结点 u 没有关联到两个及以上社区的上近似集中 then

　　　　将结点 u 关联到中心结点 BCN 代表社区的上下近似集中,即 $Lower(C^{BCN})$ 和 $Upper$ (C^{BCN})。

　　end if

end for

return U

---

4. 生成社区与重新计算社区中心结点

　　经过关联结点到社区近似集的过程后,每个结点都具有了与社区关联的信息,可以根据关联社区信息生成社区与社区的中心结点。算法主要分为两步,首先根据结点关联社区的信息,将结点赋值到社区的上下近似集中,进而生成社区的近似集;然后根据定义 5-6 重新计算社区的中心结点。算法细节见算法 5-4 生成社区与重新计算社区中心结点。

算法 5-4　生成社区与重新计算社区中心结点

输入:算法 5-3 处理过的结点集合 U;社区个数|C|; 中心结点列表 CNL; 社区上近似集加权参数 1

输出:社区集合 C;更新后的中心结点列表 CNL

//生成社区近似集

for 每个结点 u∈U do

　　根据结点 u 的社区关联信息,将结点赋值到对应社区的近似集中,生成社区的近似集。

end for

//更新社区中心结点

for 中心结点列表 CNL 中的每个中心结点 c do

　　根据社区的近似集,按照定义 5-6 重新计算社区的中心结点向量并更新中心结点列表 CNL

end for

return U 和 CNL

5.2.3   时间复杂度分析

在算法 5-2 中，将结点按照中心性排序所需时间复杂度为 $O(N\lg_2 N)$，选择 $|C|$ 个中心结点的时间复杂度与中心结点的邻居个数成正比，该时间远小于其他时间，可以看作常量。在算法 5-3 中，需要找出每个结点与各中心结点之间的最小距离，时间复杂度为 $O(N)$，将每个结点关联到相应社区近似集中的时间复杂度为 $O(|C|N)$。在算法 5-4 中根据每个结点的关联社区信息生成社区的近似集与社区中心结点向量，其时间复杂度为 $O(N)$。在算法 5-1 中，计算相连结点之间的相似度时间复杂度为 $O(M)$，生成社区近似集与更新社区中心结点的时间复杂度就是算法 5-3 和算法 5-4 的时间复杂度。因此，算法 5-1 的时间复杂度是 $O(M+N\lg_2 N+t|C|N+tN)$，其中 M 是网络中边的个数，N 是结点个数，$|C|$ 是社区个数，t 是迭代次数，一般情况下 $2\leqslant t\leqslant 10$。

5.3   基于边图的重叠社区发现方法

在重叠社区发现层面，相关学者提出了一些方法，其中包含：

① 基于结点的方法，这类方法直接处理图中结点的社区归属问题，代表方法有谱聚类[3]、团渗透[4]、标签传播[5~6]和层次聚类[7]；

② 基于边的方法，这类方法针对边进行划分，然后将边的社区转换成点的社区，代表方法有边划分方法[8~9]；

③ 还有一些其他方法，比如基于随机块模型的方法[10]、基于矩阵分解的方法[11]，等等。

以上方法存在一些问题：

① 结果不确定，由于一些方法使用随机机制导致算法结果不稳定；

② 社区不准确，由于一些方法将网络中的所有结点都划分到某个社区，事实上有些孤立点不属于任何社区，所以导致社区不准确；

③ 社区过度重叠，一些基于边划分的方法会生成很多较小的社区，这些社区之间存在高度重叠的现象；

④ 复杂的参数；

⑤ 较长的运行时间。

针对以上问题，本节提出的基于边图的重叠社区发现方法且基于 Spark 平台实现了该方法的并行化，进一步提升运行效率。

5.3.1　方法

本节提出的基于边图的重叠社区发现方法称为 LinkSHRINK。定义一些概念如下。

定义 5-8　［孤立点（outliers）］给定图 $G=(V,E)$，其中 V 是结点集合，E 是边集合。图中往往存在一些独立的点，这些点无法归属到任何社区，即定义为孤立点（outliers），Outliers $= \{v \mid v \in V, \nexists V_i' \in \mathrm{CR} \wedge v \in V_i'\} = V - \bigcup_{i=1}^{k} V_i'$，其中 CR 表示图中的社区。

定义 5-9　［微社区（micro-community）］给定图 $G=(V,E)$，设 $C(a)=(V', E',e)$ 是图 G 的子图，代表结点为 a，其中 $e \leqslant E$。$C(a)$ 是一个局部微社区，当且仅当①$a \in V'$，②对于所有 $u \in V'$，$\exists v \in V'(u \leftrightarrow_{\varepsilon} v)$；③$\nexists u \in V(u \leftrightarrow_{\varepsilon} v \wedge u \in V' \wedge v \notin V')$，其中 ε 是微社区 $C(a)$ 的密度，$u \leftrightarrow_{\varepsilon} v$ 表示相似度 ε 是结点 u，v 及其邻接点之间最大的相似度。

定义 5-10　［社区重叠度（community overlap degree）］设 CR $= \{C_1,C_2,\cdots, C_k\}$ 是社区集合，那么社区 C_i 和社区 C_j 的重叠度 ϑ 由公式（5-13）计算得来，

$$\vartheta(C_i,C_j) = \frac{|C_i \cap C_j|}{\min(|C_i|,|C_j|)} \tag{5-13}$$

定义 5-11　［社区连接（community connection）］给定图 $G=(V,E)$，社区 C_1 与社区 C_2 相连，当且仅当 $\exists e(u,v) \in E \wedge u \in C_1 \wedge v \in C_2$，其中 $C_1,C_2 \in \mathrm{CR}$。

LinkSHRINK 算法的整体框架如算法 5-5 所示，其包含了四个步骤：①生成边图；②发现边社区；③将边社区转换成点社区；④合并社区。

算法 5-5　LinkSHRINK

输入:①图 G=(V,E),②重叠度 ϑ

输出:重叠社区 OC=$\{C_1,C_2,\cdots,C_k\}$

把图 G=(V,E)转化为边图 LC(G)=(V',E')；

RLC=StructuralClustering(LC(G))；

把边社区转化成点社区

合并社区生成重叠社区 OC

return OC

1.　生成边图

给定图 $G=(V,E)$，其中 $V=\{v_1,v_2,\ldots,v_n\}$ 表示结点集合，$E=\{e_1,e_2,\ldots,e_m\}$ 表示边集合。边 $e=(u,v)$ 由结点 u 和结点 v 构成，原图中的每条边 $e(u,v)$ 对应边

图中的一个点 $v(u,v)$。如果原图中的两条边存在相同结点，那么其对应的边图中的两个点之间就有一条连边，比如，原图中边（1,2）和边（2,4）的相同结点为2，那么在边图中结点（1,2）和（2,4）之间有条连边。

2. 发现边社区

算法5-6　StructuralClustering

输入：边图 $LG=(V',E')$

输出：社区集合 $RLC=\{C_1,C_2,\cdots,C_k\}$

$RLC\leftarrow\{\{v_i\}\mid v_i\in V'\}$

while true do

　　//搜索待合并的结点

　　$\Delta Q_s\leftarrow 0$

　　for each $v\in V'$ do

　　　　$C(v)\leftarrow\Phi$

　　　　Queue q

　　　　q. insert(v)

　　　　$\varepsilon\leftarrow\max\{\sigma(u,x)\mid x\in\Gamma(v)-\{v\}\}$

　　　　while q. empty( )$\neq$true do

　　　　　　$u\leftarrow$q. pop( )

　　　　　　if $u=v\vee\max\{\sigma(u,x)\mid x\in\Gamma(u)-\{u\}\}=\varepsilon$ then

　　　　　　　　$C(v)\leftarrow C(v)\cup\{u\}$

　　　　　　　　for each $w\in\Gamma(u)-\{u\}$ do

　　　　　　　　　　if $\sigma(w,u)=\varepsilon$ then

　　　　　　　　　　　　q. insert(w)

　　　　　　　　　　end if

　　　　　　　　end for

　　　　　　end if

　　　　end while

　　　　//合并候选微社区

　　　　if $|C(v)|>1\wedge\Delta Q_s(C(v))>0$ then

　　　　　　$\bar{v}\leftarrow\{v\mid v\in C(v)\}$

　　　　　　$RLC\leftarrow\left(RLU-\bigcup_{v_i\in C(v)}\{v_i\}\right)\cup\{\bar{v}\}$

　　　　　　$V'\leftarrow(V'-\bar{v})\cup\{v\mid v\in C(v)\}$

　　　　　　$\Delta Q_s\leftarrow\Delta Q_s+\Delta Q_s(C(v))$

　　　　end if

　　end for

```
    if ΔQₛ = 0 then
            break
        end if
    end while
renturn RLC
```

算法初始化时每个结点看作是一个社区。算法 5-6 中的生成候选社区 $C(i)$，其中 σ 表示其余邻居结点之间的最大相似度。利用基于相似度的模块度 $Q_s^{[12]}$ 判定这些候选微社区是否应该合并。通过公式（5-14）和公式（5-15）计算 ΔQ_s，$US_{i,j} = \sum_{u \in C_i, v \in C_j} \sigma(u,v)$ 表示两个社区之间的连边的相似度之和，$DS_i = \sum_{u \in C_i, v \in V} \sigma(u,v)$ 表示社区 C_i 与社区以外结点之间的相似度之和，$TS = \sum_{u,v \in V} \sigma(u,v)$ 表示两个结点之间的相似度。

$$\Delta Q_s = Q_s^{C_i \cup C_j} - Q_s^{C_i} - Q_s^{C_j} \tag{5-14}$$

$$\Delta Q_s(C) = \frac{\sum_{i,j \in \{1,2,\cdots,k\}, i \neq j} 2US_{ij}}{TS} - \frac{\sum_{i,j \in \{1,2,\cdots,k\}, i \neq j} 2DS_{ij} * DS_i}{(TS)^2} \tag{5-15}$$

如果 $\Delta Q_s(C) > 0$，那么社区 C 被合并到微社区 MC，选取 C 中的任意结点为代表结点，称为超结点 v。C 中的其他结点将被忽略，社区内部的所有的边都连接到超结点 v。重复合并过程直到没有待合并的微社区。

3. 合并社区

经过社区发现过程之后，即可获得边社区，需要将边社区转换成点社区。实际上，如此得到的点社区具有高度的重叠度，为了发现具有不同重叠度的社区，还需根据重叠度 ϑ 进行社区的合并。合并过程的主要思想是将重叠度 $\vartheta(C_x, C_y) \geq \omega$ 的两个社区合并，其中 ω 是用户指定的阈值。通过 ω 的变化，可以得到具有不同重叠度的社区。

5.3.2　时间复杂度分析

设 n，n'，m，m' 分别表示原图和边图中的结点和边的个数，k 表示社区的个数。从原图转换成边图需要 $O(mm')$ 的计算量。生成边图后，使用算法 5-6 发现微社区需要 $O(m' \lg n')$ 的计算量，其中 $\lg n'$ 表示迭代次数。将边社区转换为点社区需要 $O(n')$ 的计算量。根据重叠度合并社区需要 $O(k^2)$ 的计算量。总体上，LinkSHRINK 算法需要 $O(mm' + m' \lg n' + n' + k^2)$ 的计算量。

5.4 实验结果与分析

5.4.1 对比方法

① CPM[4]是一种基于团渗透的重叠社区发现方法，其中团大小的取值范围设置为 [3, 8]；

② COPRA[8]是一种基于标签传播的重叠社区发现方法，其中社区重叠程度的取值范围设置为 [0.5, 1]；

③ LINK[5]是一种基于边分割的重叠社区发现方法；

④ LINK1 是 LINK 方法的变种，即删除 LINK 发现的仅有一条边的社区；

⑤ SHRINKO[7]是一种基于密度的社区发现方法，通过将 hub 点划分到不同社区实现重叠社区发现；

⑥ OCDDP[13]是一种基于密度的重叠社区发现方法，通过相似性设置结点之间的距离，然后采用三阶段的方法选择社区的核心结点和结点与社区之间的隶属关系；

⑦ GraphSAGE[14]是一种将网络映射到低维向量空间的方法，然后使用模糊聚类发现重叠社区。

5.4.2 实验环境

硬件环境是 CPU 2.66 GHz，内存 8 GB，软件环境是 Windows 10 的 PC。

5.4.3 数据集

本节采用的数据集有 6 个真实世界的网络数据，其统计信息如表 5-1 所示。本节还采用了 6 个由 LFR 生成的人工合成网络，LFR 的参数含义如表 5-2 所示；S1~S6 用来验证方法的有效性，其统计信息如表 5-3 所示。

表 5-1 真实网络数据集的统计数据

数 据 集	结 点 数	边 数
Karate club	34	78
PDZBase	164	209
Euroroad	1 109	1 367
Power	4 941	6 594

表 5-2　LFR 的参数含义

参　数　名	含　义
N	结点数
K	平均度
max_k	最大度
min_c	最小社区大小
max_c	最大社区大小
mu	混合参数
on	重叠结点的个数
om	重叠结点的社区数

表 5-3　大规模人工合成网络的统计信息

ID	N	k	max_k	min_c	max_c	on	om	mu
S1	1 000	10	50	10	50	100	–	0.1
S2	1 000	10	50	10	50	300	–	0.1
S3	1 000	10	50	10	50	100	–	0.3
S4	1 000	10	30	10	50	100	2	–
S5	1 000	10	30	10	50	300	2	–
S6	1 000	–	30	10	50	100	2	0.1

5.4.4　评价指标

① 在人工合成网络中，结点的社区标签是已知的，所以本节采用扩展的标准互信息[15]衡量算法的效果，其定义如公式（5-16）所示：

$$\mathrm{ONMI}(X\mid Y)=1-\frac{\left[H(X\mid Y)+H(Y\mid X)\right]}{2} \tag{5-16}$$

其中，X 与 Y 分别表示真实社区和算法发现的重叠社区，$H(X\mid Y)$ 表示 X 相对于 Y 的条件熵：

$$H(X\mid Y)=\frac{1}{\mid C\mid}\sum_{k}\frac{H(X_k\mid Y)}{H(X_k)} \tag{5-17}$$

其中，$\mid C\mid$ 表示真实社区的个数。ONMI 值越高，说明效果越好。

② 在真实世界网络中，结点的标签是未知的，所以本节采用重叠模块度[16]衡量算法的效果：

$$Q_{OV}^{E} = \frac{1}{2m} \sum_{c} \sum_{i,j \in c} \left(A_{ij} - \frac{k_i k_j}{2m} \right) \frac{1}{O_i O_j} \tag{5-18}$$

其中，O_i 表示结点 i 所属的社区的个数，A_{ij} 表示结点 i 和 j 之间的连边权重。Q_{OV}^{E} 的值越高，说明发现的社区质量越好。

5.4.5　实验与结果分析

本节将在人工合成网络和真实世界网络上验证 LinkSHRINK 和 CDRS 方法的性能。

1. 在人工合成网络上验证方法有效性

本节采用表 5-3 中的人工合成网络验证 LinkSHRINK 和 CDRS 方法的有效性。实验结果如图 5-2 所示。值得注意的是，图 5-2 中的 LS，CPM，L，L1，COPRA，SO，OCDDP，CDRS 分别表示 LinkSHRINK，CPM，GraphSAGE，LINK，LINK1，COPRA，SHRINKO，OCDDP，CDRS 方法。

① 与 LINK 和 LINK1 相比：LinkSHRINK 和 CDRS 的效果均优于 LINK 和 LINK1 的效果。其中原因可能是我们的方法能够较好地处理孤立点。

② 与 COPRA 相比：LinkSHRINK 和 CDRS 在大多网络上取得了优于 COPRA 的效果，除了在 S1 数据集中的 om=6 的网络和在 S6 数据集中的 k=12,15 的网络。随着 om 的增加，发现重叠社区的难度增加，我们所提的方法呈现出下降的趋势，这是合理的，而 COPRA 的结果出现了振动，其原因是 COPRA 在发现重叠社区时的不确定性。

③ 与 CPM 相比：LinkSHRINK 和 CDRS 的效果均优于 CPM 的效果。

④ 与 SHRINKO 相比：与 COPRA 的情况相似，我们的方法在大部分网络上取得了优于 SHRINKO 的效果，除了在 S1 数据集中的 om=6 的网络和在 S3 数据集中的 om=6 的网络。然而，SHRINKO 的效果具有明显的振动情况，可能的原因是发现的社区过度重叠。

⑤ 与 OCDDP 相比：OCDDP 与方法 LinkSHRINK 和 CDRS 的效果差不多，但是 OCDDP 无法处理大规模网络。

⑥ 与 GraphSAGE 相比：LinkSHRINK 和 CDRS 在大多网络上取得了优于 GraphSAGE 的效果，除了在 S2 数据集中的 om=5,6 的网络。

2. 在真实世界网络上验证方法有效性

本节采用表 5-1 中的 Karate club、Power、PDZBase 和 Euroroad 的网络数据来验证方法的有效性。实验结果如表 5-4 所示。从表中可以看出，OCDDP 在 Power 和 Euroroad 网络上获得最好的效果，但是对于四个网络上的平均效果来说，LinkSHRINK 仅比 OCDDP 低了 0.007 5，CDRS 在 Karate club 和 PDZBase 网络上取得了最好的效果。

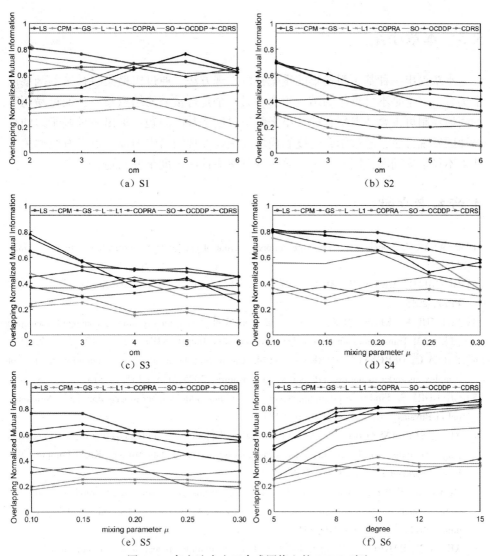

图 5-2　各方法在人工合成网络上的 ONMI 对比

表 5-4　各方法发现社区的重叠模块度对比

方　法	Karate club	Power	PDZBase	Euroroad
COPRA	0.151	0.391	0.01	0.296
SHRINKO	0.271	0.447	0.393	0.417
LINK	0.197	0.233	0.264	0.266
OCDDP	0.274	0.508	0.381	0.431
GraphSAGE	0.036 4	0.051 2	0.018 6	0.046 7
LinkSHRINK	0.284	0.462	0.398	0.423
CDRS	0.308	0.282	0.433	0.408

5.5　本章小结

本章提出一种基于粗糙集的重叠社区发现方法。通过粗糙集将社区刻画成两个集合，一个是不可重叠的结点集合，另一个是可重叠的结点集合；通过易调节的阈值控制可重叠结点集合的大小来解决过度重叠的问题；提出一种基于边的重叠社区发现方法，通过结合密度和模块度优化发现网络中的孤立点且有效避免了结果不稳定的问题，同时提出重叠度部分解决社区过度重叠问题。

本章参考文献

［1］PAWLAK Z. Rough sets ［J］. International journal of computer & information sciences, 1982, 11 (5).

［2］HENNIG C, MEILA M, MURTAGH F, et al. Handbook of cluster analysis ［M］. CRC Press, 2015.

［3］LI Y, HE K, KLOSTER K, et al. Local spectral clustering for overlapping community detection ［J］. ACM Transactions on Knowledge Discovery from Data (TKDD), 2018, 12 (2): 17.

［4］PALLA G, DERÉNYI I, FARKAS I, et al. Uncovering the overlapping community structure of complex networks in nature and society ［J］. Nature, 2005, 435 (7043): 814.

［5］GREGORY S. Finding overlapping communities in networks by label propagation ［J］. New Journal of Physics, 2010, 12 (10): 103018.

［6］XIE J, SZYMANSKI B K. Towards linear time overlapping community detection in social networks ［C］.//Pacific-Asia Conference on Knowledge Discovery and Data Mining. Kuala Lumpur, Malaysia: Springer Press, 2012: 25-36.

［7］HUANG J, SUN H, HAN J, et al. Density-based shrinkage for revealing hierarchical and overlapping community structure in networks ［J］. Physica A: Statistical Mechanics and its Applications, 2011, 390 (11): 2160-2171.

［8］AHN Y Y, BAGROW J P, LEHMANN S. Link communities reveal multiscale complexity in networks ［J］. nature, 2010, 466 (7307): 761.

［9］EVANS T, LAMBIOTTE R. Line graphs, link partitions, and overlapping communities ［J］. Physical Review E, 2009, 80 (1): 016105.

［10］SUN B J, SHEN H W, CHENG X Q. Detecting overlapping communities in massive networks ［J］. Europhysics Letters, 2014, 108 (6): 68001.

［11］ZHANG H, NIU X, KING I, et al. Overlapping community detection with preference and locality information: a non-negative matrix factorization approach ［J］. Social Network Analysis and Mining, 2018, 8 (1): 43.

［12］FENG Z, XU X, YURUK N, et al. A novel similarity-based modularity function for graph partitioning ［C］.//International Conference on Data Warehousing and Knowledge Discovery. Regensburg, Germany: Springer Press, 2007: 385-396.

[13] BAI X, YANG P, SHI X. An overlapping community detection algorithm based on density peaks [J]. Neurocomputing, 2017, 226: 7-15.

[14] HAMILTON W, YING Z, LESKOVEC J. Inductive representation learning on large graphs [C]. //Advances in Neural Information Processing Systems. 2017: 1024-1034.

[15] LANCICHINETTI A, FORTUNATO S, KERTESZ J. Detecting the overlapping and hierarchical community structure in complex networks [J]. New journal of physics, 11 (3): 033015.

[16] SHEN H, CHENG X, GUO J. Quantifying and identifying the overlapping community structure in networks [J]. Journal of Statistical Mechanics: Theory and Experiment, 2009 (7): P07042.

第 6 章　面向富信息网络的社区发现方法

6.1　概述

复杂网络在现实世界中无处不在。近年来，社交网络已经成为人们沟通交流和获取信息的基础工具，例如 Twitter 和微信的交友沟通功能，微博的传播和获取信息的功能。而社区结构特征是这些社交网络的重要特征。社区的典型特征是同一社区的用户之间的连接稠密，而不同社区用户之间的连接比较稀疏。显然，这些社交网络具有动态性，当社交网络随着时间不断变化时，其中社区也在发生变化。发现动态社区[1]是社交网络分析中的一项重要任务。相关学者提出了一系列的动态社区发现方法，比如基于时变信息发现多模演化社区的方法[2]，基于短时平滑性的动态社区发现方法[3]，基于马尔可夫聚类方法发现结点与社区之间动态关系的方法[4]，结合网络结构、结点内容和边内容的动态社区发现方法[5]，基于局部视角追踪动态社区的方法[6]，基于半监督的演化非负矩阵分解的动态社区发现方法[7]，基于多目标的动态社区发现方法[8]，基于结点重要性发现动态重叠社区的方法[9]。然而，大多数现有方法仅使用连接结构发现动态社区，而忽略了网络中的内容信息。这些方法大都假设社区是由密集子图中的结点组成的，所以它们只能发现在结构上有意义的社区。但是，现实中存在含有丰富信息的网络，例如结点内容[10]，举例如下。

① 互联网论坛社交网络：网络中的结点代表论坛用户，连边代表论坛用户之间的交互。用户通过发帖开启讨论，其他用户通过回复发帖产生交互。用户发帖和回复内容被看作是对应用户结点的文本信息。

② 科研合作社交网络：网络中的结点代表作者，连边代表作者之间的合作。作者通过合作发表论文产生交互，合作论文的内容，比如标题，被建模成对应作者结点的文本信息。

在网络数据中，富信息是指除了网络结构以外的其他信息，比如文本信息、结点属性或行为，等等。在本章中，富信息是指结点的文本信息，而文本信息中隐藏了主题信息。现有方法仅利用连接结构而没有考虑丰富的内容信息，无法准确发现具有相似文本内容的社区。一方面，虽然用户之间的连接不够紧密，但是结点内容相似意味着用户具有非常相似的兴趣或属性，因此这些用户更可能属于同一社区。因此,为了发现结构上和主题(文本信息)上都有意义的社区,应同时利用连接结构和结点内容进行动态社区发现,本节将此问题定义为动态主题社区发现问题。

6.2　基于生成模型的动态主题社区发现方法

图 6-1 展示了动态主题社区发现问题的概括图,输入是用户之间的动态交互网络,以及用户生成的内容。其目标是挖掘网络中的社区、主题及它们之间的联系。因为社区和主题的复杂性与动态性,所以动态主题社区发现是一项具有挑战性的任务。直观上,首先利用传统社区发现方法发现社区,然后利用文本分析技术发现社区的主题,这样顺序且互相独立的发现社区和主题的流水线方法无法捕捉两者之间的依赖性。虽然近年来已有学者提出一系列方法[10-11]来同时利用网络结构和结点内容两个关键因素,但这些方法都没有很好地建模主题和社区之间的相关性。针对具有动态性的、丰富的复杂网络中同时发现社区和主题的问题,本书提出了一种动态主题社区发现生成模型(dynamic topical community detection,DTCD),DTCD 将社区和主题建模为潜在变量,并通过社区和主题生成结点的邻居、结点的文本信息及其时间,然后通过 Collapsed 吉布斯采样方法推理社区、主题及其时间变化参数,进而发现社区、主题及其时间变化。最后通过后验处理,可以推断每个快照网络中的社区和主题。

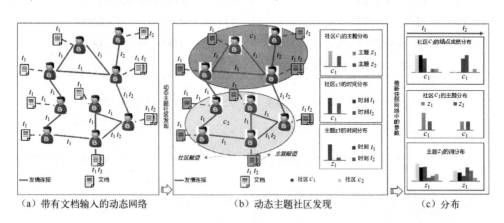

（a）带有文档输入的动态网络　　　　（b）动态主题社区发现　　　　（c）分布

图 6-1　动态主题社区发现概览图

生成模型 DTCD 基于以下假设:
① 用户以不同隶属程度归属到不同社区;
② 每个社区与多个主题有联系,而不是单个主题,来表示社区对不同主题的不同兴趣。

本章有如下贡献：

① 提出动态主题社区发现问题，为动态社区发现打开了新的研究视角。动态主题社区发现是面向带有丰富信息复杂网络的一个任务，通过网络结构、结点文本和时间信息发现网络的社区及其主题。

② 提出一种生成模型来同时发现隐藏的主题和社区，并捕捉主题和社区的时间变化情况，该方法将主题与社区建模成潜在变量并使用 Collapsed 吉布斯采样方法推断该潜在变量，实现社区及其主题的发现。

③ 提出一种统一的生成模型，该模型用统一的方式建模网络结构、结点文本信息和时间因素，该模型迭代地发现主题和社区，并使其互相提升。

6.2.1　动态主题社区发现方法

本节主要介绍从包含网络结构、用户内容和时间片信息的复杂网络中发现社区和主题，并利用它们推断快照网络中的社区和主题。在本节中，定义了动态主题社区发现问题，然后提出 DTCD 生成模型解决动态主题社区发现问题。

1. 动态主题社区问题定义

本节采用的符号及其描述如表 6-1 所示。

表 6-1　符号及其描述

符　号	描　　述	符　号	描　　述
C, Z	社区、主题的集合	D, W	文档、词的集合
U, E, T	用户、边和时间片的集合	$\|A\|$	集合 A 中包含的元素个数
N_u	用户 u 的邻居结点集合	D_u	与用户 u 相关联的文档的集合
W_{ud}	与用户 u 相关联的第 d 个文档中的词的集合	η_c	社区 c 在用户维度上的多项式分布
x_{ui}	用户 u 的第 i 个邻居结点的社区标签	f_{ui}	用户 u 的第 i 个邻接结点
t_{ui}	用户 u 的第 i 个邻居结点的时间标记	y_{ud}	与用户 u 相关联的第 d 个文档的社区标签
z_{ud}	与用户 u 相关联的第 d 个文档的主题标签	t'_{ud}	与用户 u 相关联的第 d 个文档的时间标记
w_{udj}	与用户 u 相关联的第 d 个文档中的第 j 个词	Ω_c	社区 c 在时间片维度上的多项式分布
Ψ_z	主题 z 在时间片维度上的多项式分布	ψ_c	社区 c 在主题维度上的多项式分布
ϕ_z	主题 z 在词维度上的多项式分布	$\alpha, \beta, \gamma, \delta$	狄利克雷先验参数
π_u	用户 u 在社区维度上的多项式分布		

定义 6-1 （社交网络）社交网络被记为四元组 $G=(U, E, D, T)$，其中 U 是用户的集合，E 是边的集合，D 是与 U 中用户相关联的文档的集合，T 是时间片

的集合，其代表边和文档的生成时间。每个用户 u 与一个文档集合相关联，表示用户 u 生成了这些文档，记为 D_u，其中每个文档 d_{ij} 由词组成，文档 d_{ij} 带有生成时间 t_{ij}。边 (u,v,t) 表示用户 u 和用户 v 在时刻 t 存在交互关系。比如在 DBLP 网络中，D_u 是作者 u 发表的论文的集合；(u,v,t) 表示用户 u 与用户 v 在时间 t 共同发表过论文。

定义 6-2　（快照网络）　快照网络是一种特殊类型的社交网络，记为 $S=(U, E, D, T)$，其中 $|T|=1$。也就是说，所有的边和文档都在同一时刻产生。

定义 6-3　（主题）　主题 z 是在词上的 $|W|$ 维多项式分布，记为 ϕ_z，其中每一维 $\phi_{z,w}$ 表示词 w 属于主题 z 的概率。

定义 6-4　（主题时间变化）　主题 z 的时间变化是在时间片上的 $|T|$ 维多项式分布，记为 Ψ_z，其中每维 $\Psi_{z,t}$ 代表主题 z 在时刻 t 出现的概率。

社区是一个用户的集合，其成员之间的连接密度高于网络其余部分的连接密度。它不仅可以通过交互连接结构来表示，还可以通过其用户生成内容（即文档）来表示。虽然现有社区建模的工作通常假设一个社区对应一个主题，但在本节中将每个社区与代表其不同主题兴趣的主题分布相关联，并且本节还将每个社区与表示其不同流行度的时间戳分布相关联并给出以下定义。

定义 6-5　（社区）　社区 c 是一个在用户维度上的 $|U|$ 维多项式分布，记为 η_c，其中每个分量 $\eta_{c,u}$ 表示用户 u 隶属于社区 c 的强度。

定义 6-6　（社区的主题画像）　社区的主题画像是社区在主题维度上的 $|Z|$ 维多项式分布，记为 ψ_c，其中每个分量 $\psi_{c,z}$ 表示社区 c 中的一个文档与对应的主题 z 相关联的概率。

定义 6-7　（社区的时间变化）　社区 c 的时间变化是在时间片维度上的 $|T|$ 维多项式分布，记为 Ω_c，其中每个分量 $\Omega_{c,t}$ 表示社区 c 在时刻 t 的流行度。

定义 6-8　（用户的社区隶属度）　用户 u 的社区隶属度是在社区维度上的 $|C|$ 维多项式分布，记为 π_u，其中每项 $\pi_{u,c}$ 表示用户 u 对于社区 c 的隶属程度。

以图 6-1 中的社区 c_1 和主题 z_1 为例，因为社区 c_1 的用户发布关于主题 z_1 的文档数高于关于主题 z_2 的文档数，所以图中示意的结果中 $\Psi_{c1,z1}$ 的值要大于 $\Psi_{c1,z2}$ 的值；因为社区 c_1 中的用户在时刻 t_1 发布的文档数大于用户在时刻 t_2 发布的文档数，所以图中示意结果中 $\Omega_{c1,t1}$ 的值大于 $\Omega_{c1,t2}$ 的值。另外，因为网络中的用户在时刻 t_1 发布关于主题 z_1 的文档数高于在时刻 t_2 发布关于主题 z_1 的文档数，所以图中示意结果中 $\Psi_{z1,t1}$ 的值大于 $\Psi_{z1,t2}$。结合以上定义现给出问题定义如下。

问题 6-1　（动态主题社区发现）　给定社交网络 $G=(U,E,D,T)$，动态主题社区发现的任务包含了：

① 对于 $\forall z\in Z$，推断出每个主题 z 在词维度上的多项式分布 ϕ_z；

② 对于 $\forall z\in Z$，推断出每个主题 z 在时间片维度上的多项式分布 Ψ_z；

③ 对于 $\forall c \in C$，推断出每个社区 c 在用户维度上的多项式分布 η_c；

④ 对于 $\forall c \in C$，推断出每个社区 c 在时间片维度上的多项式分布 Ω_c；

⑤ 对于 $\forall u \in U$，推断出每个用户 u 在社区维度上的多项式分布 π_u；

⑥ 对于 $\forall c \in C$，推断出每个社区 c 在主题维度上的多项式分布 ψ_c。

2. DTCD 模型结构

DTCD 是一种生成模型，其对网络结构、文本和时间信息进行联合建模。DTCD 受到社区画像与发现（community profile and detection，CPD）[12] 模型和随时间变化的主题（topic over time，TOT）[13] 模型的启发，但 DTCD 明显超越了这些模型，能输入更多的信息且具有强大的建模能力。与以前的联合建模文本和网络结构的模型相比，DTCD 更适合建模社交网络的动态结构和动态结点内容。DTCD 旨在对两种用户行为建模，即在时刻 t 发布内容（生成文档）和社交交互（形成连接）。具体地，每个用户可以采用不同的隶属度产生上述行为。也就是说，对于发布内容的行为，假定发布内容的主题是由特定社区在主题维度上的多项式分布生成的（即 ψ_c），假定发布内容中的单词是由特定主题在词维度上的多项式分布生成的（即 ϕ_z），假定发布内容的时间戳是由特定主题在时间片维度上的多项式分布生成的（即 Ψ_z）；而对于社交互动的行为，连边是由特定社区在用户维度上的多项式分布生成的（即 η_c），而网络中用户的邻居的生成时刻信息是由特定社区在时间维度上的多项式分布生成的（即 Ω_c）。DTCD 模型自然地结合了文本内容和网络数据，同时保持了模型的易处理性。图 6-2 展示了 DTCD 模型的图形结构。

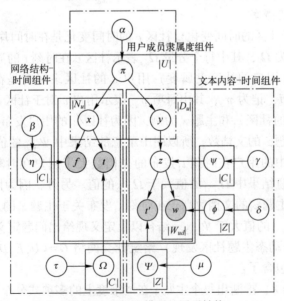

图 6-2　DTCD 模型的图形结构

3. 模型中各个组件

图 6-2 展示了 DTCD 模型的三个组件（虚线框内的部分模型图），文本内容-时间组件用来建模结点的文本内容，并捕获主题的时间变化；网络结构-时间组件建模了网络结构，并捕获了社区的时间变化；用户成员隶属度组件建模了用户的社区成员隶属度，并将其他两个组件无缝统一地连接起来。

1）用户成员隶属度组件

社交网络中的用户通常与多个社区具有关联关系。本节将每个用户 u 与各个社区的关联程度表示为概率向量 π_u。D_u 中的每个文档 d 分配给社区 y，表示用户 u 在生成文档时的社区归属是 y。此外，用户 u 的每个邻居 f 的社区 x 相关联，表示当用户 u 与用户 f 建立连接时结点 f 的社区标签。

2）文本内容-时间组件

用户 u 发布的每个文档 $d \in D_u$ 包含了词集合 $\{w_{ud1}, w_{ud2}, \cdots, w_{ud|W_{ud}|}\}$，其中 $|W_{ud}|$ 表示文档 d 的长度。传统的主题模型中，比如潜在狄利克雷分配模型（latent dirichlet allocation，LDA），一个文档包含多个主题，并且每个词带有一个主题标签。对于长文本，比如学术论文，如此建模是合理的。然而，在社交媒体中，比如微博，因为发布的文本内容长度通常都是较短的，这些长度较短的文档内容通常表达了一个主题[14]。因此，本节将文档 d 与单个的潜在主题变量 z 相关联，主题 z 是从 Ψ_y 中抽取出来。然后从对应的主题在词上的多项式分布 ϕ_z 中抽取词，进而生成文档 d。

为了对文档的时间信息进行建模，本节首先通过将所有用户文档的整个时间跨度划分为 T 个时间片，然后使用每个主题 z 在时间片维度上的多项式分布 Ψ_z 来模拟主题随时间的变化情况，而文档 d 的生成时间 t 是从 Ψ_z 中抽取生成的。此外，与使用 Beta 分布来模拟时间变化的 TOT 模型相比，本节使用多项分布可以捕获时间的多模式变化，即捕捉多次上升和下降的情况，如此更符合真实情况。

3）网络结构-时间组件

本节跟主题模型 LDA 类似的思想建模网络结构。本节将用户看作文档，将用户的邻居结点看作是文档中包含的词。U 中的每个用户 u 表示成邻居结点列表 $\{f_{u1}, \cdots f_{u|N_u|}\}$，其中 $|N_u|$ 表示用户 u 的邻居数。这些邻居结点是从社区在用户维度上的多项式分布 η_c 中抽取而来。与文本内容-时间组件一样，本节在时间片上使用多项式分布 Ω_c 来建模每个特定社区 c 的时间变化，从社区在时间维度上的多项式分布 Ω_c 中抽取邻居结点 f 的生成时间。

4）DTCD 生成过程

（1）对于每个社区 $c \in C$

① 根据 β 先验参数化的狄利克雷分布，抽取社区 c 在用户维度上的 $|U|$ 维多项式分布：$\eta_c | \beta \sim \mathrm{Dir}_{|U|}(\beta)$；

② 根据 γ 先验参数化的狄利克雷分布，抽取社区 c 在主题维度上的 $|Z|$ 维多项式分布：$\Psi_c \mid \gamma \sim \mathrm{Dir}_{|Z|}(\gamma)$；

③ 根据 τ 先验参数化的狄利克雷分布，抽取社区 c 在时间片维度上的 $|T|$ 维多项式分布：$\Omega_c \mid \tau \sim \mathrm{Dir}_{|T|}(\tau)$。

（2）对于每个社区 $z \in Z$

① 根据 δ 先验参数化的狄利克雷分布，抽取主题 z 在单词维度上的 $|W|$ 维多项式分布：$\phi_z \mid \delta \sim \mathrm{Dir}_{|W|}(\delta)$；

② 根据 μ 先验参数化的狄利克雷分布，抽取主题 z 在时间片维度上的 $|T|$ 维多项式分布：$\Psi_z \mid \mu \sim \mathrm{Dir}_{|T|}(\mu)$。

（3）对于每个用户 $u \in U$

① 根据 α 先验参数化的狄利克雷分布，抽取用户 u 在社区维度上的 $|C|$ 维多项式分布：$\pi_u \mid \alpha \sim \mathrm{Dir}_{|C|}(\alpha)$；

② 对于用户 u 的每个邻居结点 $i \in N_u$：

- 根据用户 u 在社区维度上的多项式分布 π_u，抽取用户 u 的第 i 个邻居结点的社区标签 $x_{ui} \mid \pi_u \sim \mathrm{Multi}(\pi_u)$；

- 根据社区 x_{ui} 在用户维度上的多项式分布 $\eta_{x_{ui}}$，抽取用户 u 的第 i 个邻居结点 $f_{ui} \mid \eta_{x_{ui}} \sim \mathrm{Multi}(\eta_{x_{ui}})$；

- 根据社区 x_{ui} 在时间片维度上的多项式分布 $\Omega_{x_{ui}}$，抽取用户 u 的第 i 个邻居结点的时刻信息，$t_{ui} \mid \Omega_{x_{ui}} \sim \mathrm{Multi}(\Omega_{x_{ui}})$。

③ 对于与用户 u 相关联的文档 $u \in D_u$：

- 根据用户 u 在社区维度上的多项式分布 π_u，抽取用户 u 的第 d 个文档的社区标签 $y_{ud} \mid \pi_u \sim \mathrm{Multi}(\pi_u)$；

- 根据社区 y_{ud} 在主题维度上的多项式分布 $\psi_{y_{ud}}$，抽取用户 u 的第 d 个文档的主题标签 $z_{ud} \mid \psi_{y_{ud}} \sim \mathrm{Multi}(\psi_{y_{ud}})$；

- 根据主题 z_{ud} 在单词维度上的多项式分布 $\phi_{z_{ud}}$，抽取单词 $w_{udj} \mid \phi_{z_{ud}} \sim \mathrm{Multi}(\phi_{z_{ud}})$，$\forall j = 1, \cdots, |W_{ud}|$；

- 根据主题 z_{ud} 在时间片维度上的多项式分布 $\Psi_{z_{ud}}$，抽取与用户 u 关联的第 d 个文档的时间片标签 $t'_{ud} \mid \Psi_{z_{ud}} \sim \mathrm{Multi}(\Psi_{z_{ud}})$。

如上述过程所示，社区和主题的后验分布取决于三种信息，即网络结构，文本和时间信息。DTCD 参数化顺序如表 6-2 所示。

表 6-2　参数化顺序

$\eta_c \mid \beta \sim \mathrm{Dir}_{|U|}(\beta)$	$\Psi_c \mid \gamma \sim \mathrm{Dir}_{|Z|}(\gamma)$	$\phi_z \mid \delta \sim \mathrm{Dir}_{|W|}(\delta)$
$\pi_u \mid \alpha \sim \mathrm{Dir}_{|C|}(\alpha)$	$x_{ui} \mid \pi_u \sim \mathrm{Multi}(\pi_u)$	$f_{ui} \mid \eta_{x_{ui}} \sim \mathrm{Multi}(\eta_{x_{ui}})$
$t_{ui} \mid \Omega_{x_{ui}} \sim \mathrm{Multi}(\Omega_{x_{ui}})$	$y_{ud} \mid \pi_u \sim \mathrm{Multi}(\pi_u)$	$z_{ud} \mid \psi_{y_{ud}} \sim \mathrm{Multi}(\psi_{y_{ud}})$
$w_{udj} \mid \phi_{z_{ud}} \sim \mathrm{Multi}(\phi_{z_{ud}})$	$t'_{ud} \mid \Psi_{z_{ud}} \sim \mathrm{Multi}(\Psi_{z_{ud}})$	

6.2.2　DTCD 模型推理

1. Collapsed 吉布斯采样

与 LDA 类似，在 DTCD 中无法精确推断参数，因此，本章采用吉布斯采样近似推断模型参数。吉布斯采样是一种简单且广泛使用的马尔可夫链蒙特卡罗算法。与潜在变量模型中的其他推理方法（如变分推理和最大后验估计）相比，吉布斯采样有两个优点：首先，在原理上吉布斯采样更准确，因为吉布斯能渐近逼近正确的分布；其次，吉布斯采样只需要维护计数器和状态变量而更省内存空间，这两点优点使得吉布斯采样成为大规模数据采样的首选。更多的算法细节方面的比较可以参考文献 [15]。

吉布斯采样的基本思想是交互式地估计参数，本节需要对所有九种类型的潜在变量进行采样 $\pi, \eta, x, y, z, \psi, \phi, \Omega$ 和 Ψ。然而，使用 collapsed 吉布斯采样技术[16]，可以使用共轭先验 $\alpha, \beta, \gamma, \delta, \tau$ 和 μ，把 $\pi, \eta, \psi, \phi, \Omega$ 和 Ψ 用积分积掉。因此，本节只需要为每个用户和每个文档对社区分配进行抽样，从给定其他变量的条件分布中为每个用户分配社区和为每个文档分配社区及主题。为了得到吉布斯采样器，本节首先计算模型的 collapsed 后验联合概率如下：

$$p(w, f, t, t', x, y, z \mid \alpha, \beta, \gamma, \delta, \tau, \mu)$$
$$= p(x, y \mid \alpha) p(w \mid z, \delta) p(z \mid y, \gamma) p(f \mid x, \beta) p(t' \mid z, \mu) p(t \mid x, \tau) \quad (6\text{-}1)$$

其中，$p(w \mid z)$ 表示主题 z 生成词 w 的概率；$p(z \mid y, \gamma)$ 表示社区 y 讨论主题 z 的概率；$p(f \mid x, \beta)$ 表示社区 x 生成用户结点 f 的概率；$p(t' \mid z, \mu)$ 表示主题 z 在时刻 t' 发生的概率。

在 Gibbs 采样器的每次迭代中，对于用户 u 生成的每个文档 D_{ud}，本节同时采样相应的社区标签 y_{ud} 和主题标签 z_{ud}；对于用户 u 的每个邻居结点 f_{ui}，DTCD 将采样对应的社区标签 x_{ui}。采样公式如下：

根据如下公式采样用户 u 的第 i 个邻居结点的社区标签 x_{ui}：

$$p(x_{ui} = c* \mid x_{\neg ui}, f, t, \alpha, \beta, \tau)$$
$$\propto \frac{n_{u(f), \neg ui}^{(c*)} + n_{u(d)}^{(c*)} + \alpha}{n_{u(f), \neg ui}^{(\cdot)} + n_{u(d)}^{(\cdot)} + |C| \alpha} \times \frac{n_{c*(f), \neg ui}^{(u)} + \beta}{n_{c*(f), \neg ui}^{(\cdot)} + |U| \beta} \times \frac{n_{c*(f), \neg ui}^{(t)} + \tau}{n_{c*(f), \neg ui}^{(\cdot)} + |T| \tau} \quad (6\text{-}2)$$

其中，$n_{u(f), \neg ui}^{(c*)}$，$n_{u(f), \neg ui}^{(\cdot)}$ 表示用户 u 的邻居结点（不包括用户 u 的第 i 邻居结点）分别被记为社区 $c*$ 或任意社区的次数；$n_{u(d)}^{(c*)}$，$n_{u(d)}^{(\cdot)}$ 表示与用户 u 相关联的文档分别被记为社区 $c*$ 或任意社区的次数；$n_{c*(f), \neg ui}^{(u)}$，$n_{c*(f), \neg ui}^{(\cdot)}$ 分别表示用户 u 或任意用户（不包括用户 u 的第 i 邻居结点）被标记为社区 $c*$ 的次数；$n_{c*(f), \neg ui}^{(t)}$，$n_{c*(f), \neg ui}^{(\cdot)}$ 分别表示社区 $c*$ 中的成员（不包括用户 u 的第 i 邻居结点）出现在时刻 t 或任意时刻的次数。

根据如下公式采样用户 u 的第 d 个文档的社区标签 y_{ud}：

$$p(y_{ud}=c* \mid y_{\neg ud},x,z,\alpha,\gamma) \propto \frac{n_{u(f)}^{(c*)}+n_{u(d),\neg ud}^{(c*)}+\alpha}{n_{u(f)}^{(\cdot)}+n_{u(d),\neg ud}^{(\cdot)}+|C|\alpha} \times \frac{n_{c*(d),\neg ud}^{(z)}+\gamma}{n_{c*(d),\neg ud}^{(\cdot)}+|Z|\gamma} \qquad (6-3)$$

其中，$n_{c*(d),\neg ud}^{(z)}$，$n_{c*(d),\neg ud}^{(\cdot)}$ 分别表示社区 $c*$ 中的文档（不包含用户 u 的第 d 个文档）被标记为主题 z 或任意主题的次数。

$$p(z_{ud}=z* \mid y_{ud}=c*,t,w,z_{\neg ud},\gamma,\delta,\mu,\Psi,\phi)$$

$$\propto \frac{n_{c*,\neg ud}^{(z*)}+\gamma}{n_{c*,\neg ud}^{(\cdot)}+|Z|\gamma} \times \frac{n_{z*,\neg ud}^{(t)}+\gamma}{n_{z*,\neg ud}^{(\cdot)}+|T|\gamma} \times \frac{\prod\limits_{w=1}^{W}\prod\limits_{i=0}^{n_{ud}^{(w)}-1}(n_{z,\neg ud}^{(w)}+\delta+i)}{\prod\limits_{i=0}^{n_{ud}^{(\cdot)}-1}(n_{z,\neg ud}^{(\cdot)}+|W|\delta+i)} \qquad (6-4)$$

其中 $n_{z*,\neg ud}^{(t)}$，$n_{z*,\neg ud}^{(\cdot)}$ 分别表示被标记为主题 $z*$ 的文档中（不包含用户 u 的第 d 个文档）出现在时刻 t 或任何时候的次数；$n_{z,\neg ud}^{(w)}$，$n_{z,\neg ud}^{(\cdot)}$ 分别表示文档（不包含用户 u 的第 d 个文档）的词被标记为主题 $z*$ 的词 w 或任意词的次数。

算法 6-1　DTCD 推理算法

输入：用户集合 U，文档集合 D，边集合 E，时间片集合 T
输出：主题集合 Z，社区集合 C
//初始化
for 对于每个用户 u ∈ U do
　　for 对于用户 u 的每个邻居结点 i ∈ N$_u$ do
　　　　抽取 $c*$ ~ uniform[1,…,|C|]
　　　　将社区 $c*$ 赋值给邻居结点(边)u→i
　　end for
　　for 对于用户 u 的每个文档 d do
　　　　抽取 $c*$ ~ uniform[1,…,|C|]
　　　　抽取 $z*$ ~ uniform[1,…,|Z|]
　　　　将社区 $c*$ 和主题 $z*$ 赋值为文档 d
　　end for
end for
//迭代学习参数
I←迭代次数
i←0
while i<I do
　　for 对于每个用户 u do
　　　　for 对于用户 u 的每个邻居结点 i do
　　　　　　根据公式（6-2）采样社区标签 $c*$
　　　　　　将社区标签 $c*$ 赋值为邻居结点（边）u→i

```
        end for
        for 对于用户 u 的每个文档 d do
            根据公式(6-3)采样社区标签 c *
            将社区 c * 赋值为文档 d
            根据公式(6-4)采样主题标签 z *
            将主题标签 z * 赋值为文档 d
        end for
    end for
    for 对于每个主题 z ∈ Z do
        更新 Ψ_z
    end for
    for 对于每个社区 c ∈ C do
        更新 Ω_c
    end for
end while
```

算法 6-1 描述了 DTCD 模型的吉布斯采样推理过程。经过足够次数的迭代，可以得到样本的集合。对于任意单个样本，可通过以下公式来估计未知的分布，$\pi_{u,c} = (n_{u(f)}^{(c)} + n_{u(d)}^{(c)} + \alpha)/(n_{u(f)}^{(\cdot)} + n_{u(d)}^{(\cdot)} + |C|\alpha)$，$\eta_{c,u} = (n_{c(f)}^{(u)} + \beta)/(n_{c(f)}^{(\cdot)} + |U|\beta)$，$\Psi_{c,z} = (n_{c(d)}^{(z)} + \gamma)/(n_{c(d)}^{(\cdot)} + |Z|\gamma)$，$\phi_{z,w} = (n_z^{(w)} + \delta)/(n_z^{(\cdot)} + |W|\delta)$，$\Omega_{c,t} = (n_c^{(t)} + \tau)/(n_c^{(\cdot)} + |T|\tau)$，$\psi_{z,t} = (n_z^{(t)} + \mu)/(n_z^{(\cdot)} + |T|\mu)$。

2. 时间复杂度分析

采样每个用户的每个文档的社区和主题的计算量为 $O(|D| * |C| + |Z| * |W|)$。采样每个用户的每个邻居的社区的计算量为 $O(|C| * |E|)$。假设 I 表示迭代的次数，那么算法的时间复杂度为 $O((|D| * |C| + |Z| * |W| + |C| * |E|) * I)$。

6.2.3 推断快照网络中的各个参数

1. 推断快照网络中的社区

利用算法 6-1 中推理出的参数 π 和 η 来计算通过每个社区生成快照网络中每个用户的邻居结点的概率，即可获得快照网络中的用户的社区隶属度。为了推断快照网络中的用户的社区隶属度，本节假设用户的社区隶属度等于与该用户相连的邻居结点的社区隶属度的期望，如公式（6-5）所示：

$$P(c \mid i, t_i = t) = \sum_f (P(c \mid f)P(f \mid i, t_i = t)) \qquad (6-5)$$

在公式（6-5）中，可以使用贝叶斯公式在 DTCD 算法估计参数的基础上计算 $P(c \mid f)$，如公式（6-6）所示：

$$P(c \mid f) = \frac{P(c)P(f \mid c)}{\sum\limits_c P(c)P(f \mid c)} \tag{6-6}$$

其中 $P(c)=\pi_{i,c}$，$P(f \mid c)=\eta_{c,f}$。通过当前快照网络中的用户的邻居结点的经验分布来估计 $P(f \mid i,t_i=t)$，如公式（6-7）所示：

$$P(f \mid i,t_i=t) = \frac{n_{i,t}(f)}{\sum\limits_f n_{i,t}(f)} \tag{6-7}$$

其中，$n_{i,t}(f)$ 表示第 t 个快照网络中的用户 i 与邻居结点 f 的交互的次数。事实上，$P(f \mid i,t_i=t)$ 是用户 i 的所有邻接点的均匀分布。

2. 推断快照网络中的主题的社区隶属度

本节使用算法 6-1 获得的参数 π 和 η 来计算通过每个社区生成快照网络中与用户关联的文档主题的概率，进而获得快照网络中的主题的社区隶属度。为了推断快照网络中的主题的社区隶属度，本节假设主题的社区隶属度等于与快照网络中用户相关联的文档的主题的社区隶属度的期望值，如公式（6-8）所示：

$$P(c \mid z,t_z=t) = \sum_d \left(P(c \mid d)P(d \mid z,t_z=t)\right) \tag{6-8}$$

在公式（6-8）中，结合 DTCD 中估计参数结果的通过贝叶斯公式计算 $P(c \mid d)$ 如公式（6-9）所示：

$$P(c \mid d) = \frac{P(c)P(d \mid c)}{\sum\limits_c P(c)P(d \mid c)} \tag{6-9}$$

其中，$P(c)=\pi_{i_d,c}$，$P(d \mid c)=\psi_{c,z_d}$，i_d 表示文档 d 所关联的用户 i，z_d 表示文档 d 的主题。通过当前快照网络中的与用户相关联文档的主题的经验分布来估计 $P(d \mid z,t_z=t)$，如公式（6-10）所示：

$$P(d \mid z,t_z=t) = \frac{n_{z,t}(d)}{\sum\limits_d n_{z,t}(d)} \tag{6-10}$$

其中，$n_{z,t}(d)$ 表示第 t 个快照网络中与用户 i 相关联的文档 d 标记为主题 z 的次数。事实上，$P(d \mid z,t_z=t)$ 是标记为主题 z 的所有文档的均匀分布。

3. 推断快照网络中的主题

本节使用在算法 6-1 中获得的参数 η 和 ϕ 来计算通过每个词生成快照网络中与用户关联的文档主题的概率，进而获得快照网络中词的主题隶属度。为了推断快照网络中的词的主题隶属度，假设词的主题隶属度等于与用户相关联的文档中的词的主题隶属度的期望，如公式（6-11）所示：

$$P(z \mid w,t_z=t) = \sum_d \left(P(z \mid w_d)P(w_d \mid z,t_z=t)\right) \tag{6-11}$$

在公式（6-11）中，结合 DTCD 估计参数通过贝叶斯公式来计算 $P(z \mid w_d)$，如

公式 (6-12) 所示：

$$P(z \mid w_d) = \frac{P(z)P(w_d \mid z)}{\sum_z P(z)P(w_d \mid z)} \tag{6-12}$$

其中，$P(z)=\psi_{c_d,z}$，$P(w_d \mid z)=\phi_{z,w_d}$，$c_d$ 表示文档 d 所归属的社区，w_d 表示文档 d 中的词 w。可以通过当前快照网络中与用户相关联的文档的主题的经验分布来估计 $P(w_d \mid z,t_z=t)$。

$$P(w_d \mid z,t_z = t) = \frac{n_{z,t}(w_d)}{\sum_d n_{z,t}(w_d)} \tag{6-13}$$

其中，$n_{z,t}(w_d)$ 表示第 t 个快照网络中的主题为 z 的文档 d 中的词 w 的个数。事实上，$P(w_d \mid z,t_z=t)$ 是主题为 z 的文档 d 中的词 w 在所有词 w 中的均匀分布。

6.2.4　实验结果与分析

在两个真实世界数据集上进行实验，以评估所提出方法的社区发现和主题提取的效果。所有实验都在装有 Windows 10，双核 3.6 GHz CPU 和 8 GB 内存的 PC 机上进行，DTCD 算法采用 Python 实现。

1. 实验设置

（1）数据集

在实验评估中，采用两个真实世界动态社交网络，即在线论坛 Reddit 和科研合作网络 DBLP。

在线论坛 Reddit 社交网络中在线论坛 Reddit 数据集包含了三个子论坛，该数据集是从 Reddit 网站的三个子论坛中获取的发帖内容和评论数据。三个子论坛分别是科学、政治和电影。每个活跃论坛用户通过发帖开启讨论，其他活跃论坛用户通过回复发帖产生交互。在该数据集中，在线论坛用户被当作网络中的结点，发帖和评论内容被看作网络中对应结点的文本内容。如果论坛用户 u 回复论坛用户 v，就在两者之间构造一条无向边。通过去除停用词和词根相同的词，得到一个大小为 5 922 的字典来描述在线论坛 Reddit 社交网络中的结点文本内容。将在线论坛 Reddit 网络划分为 7 个快照网络，将每天的数据作为一个快照网络，每个快照网络由对应日期的论坛用户交互和发帖与评论内容构成。在整个网络中，共有 3 080 个论坛用户参与了论坛的讨论，共产生了 5 236 条边。论坛用户的社区真实值就是用户参与发帖或评论的子论坛，故社区个数为 3。

在科研合作网络 DBLP 中，采用的是 DBLP 数据的子集合，该科研合作网络包含从 2001 年到 2011 年发表在 11 个主流的国际会议的学术论文，这些学术论文中包含数据挖掘与数据库 "DM&DB"，人工智能与机器学习 "AI&ML" 和计算机视觉与模式识别 "CV&PR" 等三个领域。科研合作网络 DBLP 是从科研人员之间的合作关系构建网络中的边，从科研人员发表论文的标题中提取网络的结点内容，将科研人员看作是网络中的结点。去除停用词及词根相同的词以后，可以得到一个大小为 7317 的词典来描述网络中的结点内容。在处理数据过程中，只选取了从 2001 年到 2011 年该 11 个学术会议上发表论文数量不少于 5 的科研人员作为网络中的结点。最后，整个网络包含 2554 结点（科研人员）和 9 963 条边。将 DBLP 数据集划分为 11 个快照网络，将每年的数据作为一个快照网络，每个快照网络包含了在对应年份中科研人员交互产生的边和发表论文产生的结点内容。将科研人员发表论文的国际学术会议的领域作为网络中结点的社区真实值，故真实社区个数为 3。

（2）对比方法

将提出的 DTCD 方法与以下四种类型基线方法进行对比：

① 发现主题的方法；

② 发现动态社区的方法；

③ 基于网络结构和结点内容的社区和主题发现的方法；

④ 基于网络和结点内容的动态社区发现方法。

表 6-3 列出了各种基线方法的特征。

表 6-3　各种基线对比方法在特征和任务上的对比

方　　法	特　　征			任　　务	
	文本	网络结构	时间	主题提取	社区发现
LDA	√			√	
FacetNet		√	√		√
NEIWalk	√	√	√		√
CPD	√	√		√	√
DTCD	√	√	√	√	√

　　LDA 对文本进行建模并提取主题。FacetNet 通过考虑连续快照网络的联系而发现动态社区。NEIWalk 通过结合文本、网络结构合时间信息发现动态社区。CPD（社区画像与发现）通过结合文本和网络结构发现社区及其主题。最后，DTCD（动态主题社区发现）是本章提出的动态主题社区发现方法，通过对文本、网络结构和时间特征进行联合建模，实现社区发现及其主题提取，并能发现社区的时间变化和主题的时间变化。

　　LDA[17] 对文本定义了一个生成过程，通过两个参数控制文本的生成，一个参数是文档与主题之间的关系参数 θ，另一个是主题与词之间的关系参数 ϕ。在 LDA 中，文档被认为是由多个主题的混合分布组成的。和文献 [18] 一样，本书将超参数 α 设置为 $50/|Z|$，β 设置为 0.1。$|Z|$ 表示主题的个数。DTCD 与

LDA 在主题提取任务上进行对比。

FacetNet[3]利用上个快照网络中社区标签结果实现快照网络之间的短时平滑性，进而发现比较平滑的动态社区，即短时间内社区的变化程度不大。本节设置平衡快照代价和时间代价的参数 $\alpha = 0.9$。因为 FacetNet 是一种基于网络结构的动态社区发现方法，没有考虑结点内容，所以无法同时发现主题。DTCD 与 FacetNet 在动态社区发现任务上进行对比。

NEIWalk[5]是一种基于异质随机游走方法发现动态社区的方法。通过结合网络结构与结点内容，NEIWalk 构建了结点边交互网络，进而提出随机游走方法发现动态社区。然而，NEIWalk 无法发现社区的主题。本节采用 NEIWalk 的参数的默认值：平衡参数 $\alpha = 1/3$，$\beta = 1/3$，$\gamma = 1/3$ 和随机游走参数 $l = 100$，$h = 100$。DTCD 与 NEIWalk 在动态社区发现任务上进行对比。

CPD[12]通过对网络结构和结点内容联合建模，能够同时发现及其主题。然而，CPD 没有将时间信息考虑到社区发现方法中，无法发现动态社区。本节采用 CPD 设置的参数默认值，其中 $\alpha = 50/|Z|$，$\rho = 50/|C|$ 和 $\beta = 0.1$。$|C|$ 表示社区的个数。DTCD 与 CPD 在社区发现与主题提取任务上进行对比。

DTCD 通过对网络结构、结点内容和时间进行联合建模，能够发现社区及其主题，还可以发现社区的时间变化和主题的时间变化。本节设置 DTCD 的超参数为：$\alpha = 50/|C|$，$\gamma = 50/|C|$，$\beta = 0.1$，$\delta = 0.1$，$\tau = 0.1$ 和 $\mu = 0.1$。$|C|$ 表示社区的个数。

2. 社区发现任务评价

给定两个真实世界数据集的社区真实值，本节采用标准互信息（NMI）[19]来定量地评价方法的有效性。

$$NMI(X \mid Y) = 1 - \frac{H(X \mid Y) + H(Y \mid X)}{2} \qquad (6-14)$$

其中，X 和 Y 分别表示网络的两个划分，$H(X \mid Y)$ 表示划分 X 关于划分 Y 的标准条件熵，如公式（6-15）所示。

$$H(X \mid Y) = \frac{1}{|C|} \sum_k \frac{H(X_k \mid Y)}{H(X_k)} \qquad (6-15)$$

其中，$|C|$ 表示社区的个数。NMI 值越大，说明结果越好。NMI 值的取值范围是从 0 到 1。如果 NMI 值为 1，则表示网络的两个划分完美匹配；如果 NMI 值为 0，则表示网络的两个划分不匹配。

图 6-3 展示各个算法在两个数据集上的每个快照网络中的 NMI 值对比。首先，可以看出基于网络结构和结点内容的社区发现方法（DTCD，NEIWalk 和 CPD）完成的结果比基于网络结构的社区发现方法（FacetNet）好；其次，DTCD 在科研合作网络 DBLP 的所有快照网络中和在在线论坛 Reddit 社交网络中的大部

分快照网络中完成了最好的 NMI 值。原因在于隐藏在结点内容中的主题信息帮助 DTCD 更好地发现隐藏在网络结构中的社区。从图中可见，DTCD 的结果折线起伏幅度较大，那是因为 DTCD 没有考虑相邻快照网络的短时平滑性。

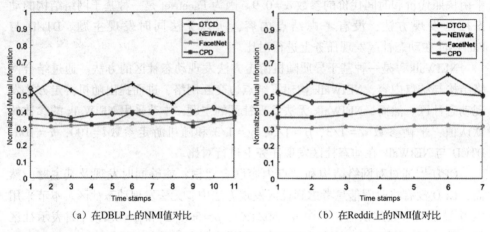

（a）在DBLP上的NMI值对比　　　　　　　　（b）在Reddit上的NMI值对比

图 6-3　DTCD 与对比方法在真实世界网络上的 NMI 指标对比

DTCD 既能从每个快照网络中发现社区，也能刻画社区的时间变化。从图 6-4 中可以看出，不同的社区在每个时间片具有不同的强度，图中的纵坐标的数值表示在所有时间片中社区在当前时刻出现的概率。值得注意的是图中的每条线表示每个社区在每个时刻的相对的社区强度的趋势变化情况，而图中的两条线之间没有关联关系。在图 6-4（a）中，穿顶形状的趋势线正确描述了真实情况，在中间阶段（2004—2009）有更多的科研人员参与了该系列学术会议，而在起步阶段（2001—2003）和末尾阶段（2010—2011）相对较少的科研人员参与了该

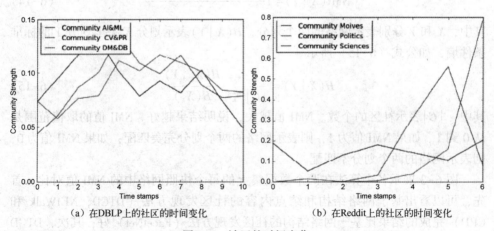

（a）在DBLP上的社区的时间变化　　　　　　（b）在Reddit上的社区的时间变化

图 6-4　社区的时间变化

系列学术会议。在图 6-4 （b） 中，可以看出 "电影" 社区在这 7 天中变化不是很明显，而 "政治" 社区和 "科学" 社区变化比较剧烈。

表 6-4 展示了 DBLP 数据中发现的三个社区的代表性的科研人员。这些科研人员在他们领域都具有一定的影响力，比如在数据挖掘和数据库领域的 Philip S. Yu （H 指数 152） 和 Jiawei Han （H 指数 164）；在计算机视觉和模式识别领域的 Thomas S. Huang （H 指数 145） 和 Larry S. Davis （H 指数 106）；在人工智能和机器学习领域的 Tuomas Sandolm （H 指数 79） 和 Michael I. Jordan （H 指数 155）。同时这些科研人员在该 11 个国际学术会议上发表了很多论文。

表 6-4　DTCD 在 DBLP 数据上发现的三个社区的代表性科研人员

AI&ML	CV&PR	DM&DB
Tuomas Sandolm	Thomas S. Huang	Philip S. Yu
Michael I. Jordan	Larry S. Davis	Jiawei Han
Andrew Y. Ng	Marc Pollefeys	Christos Faloutsos
Bernhar Scholkopf	Luc J. Van Gool	Beng Chin Ooi
Peter Stone	Andrew Zisserman	Jian Pei
Yoshua Bengio	Pascal Fua	Wei Wang
Daphne Koller	Stefano Soatto	Haixun Wang
Vincent Conitzer	Trevor Darrell	Surajit Chaudhuri
Max Welling	Mubarak Shah	Jeffrey Xu Yu
Zoubin Ghahramani	Xiaoou Tang	Qiang Yang

3. 主题提取任务评价

与文献 ［17］ 一样，本节采用困惑度 （perplexity） 来评价 DTCD 的主题抽取的性能。在主题模型中，困惑度是一种被广泛采用的度量，其度量了一个概率模型预测样本能力好坏。困惑度值越低，表示模型的预测能力越好。为了能计算预测测试集合的困惑度，设测试集合包含了 M 个文档，则困惑度的定义如公式 （6-16）所示：

$$\text{perplexity}(D_{\text{test}}) = \exp\left\{-\frac{\sum_{d=1}^{M} \lg p(w_d)}{\sum_{d=1}^{M} N_d}\right\} \quad (6\text{-}16)$$

其中，N_d 表示测试文档 d 中的词的个数，$p(w_d)$ 表示词 w 出现在文档 d 中的概率；对于 DTCD，$p(w_d)$ 的定义如公式 （6-17） 所示：

$$p(w_d) = \sum_c \pi_{uc} \sum_z \psi_{cz} \prod_l \phi_{zw_{dl}} \quad (6\text{-}17)$$

其中 u 表示与文档 d 关联的用户。本节采用 5 折交叉验证策略来计算困惑度的平均值，对于 CPD 和 DTCD 方法，本节采用 80% 的文档和网络中所有的连边作为训练集，使用剩下的 20% 文档作为测试集。而对于 LDA 方法只使用文档数据其中 80% 的文档。

本节在两个真实世界数据上进行的实验结果如图 6-5 所示，在图 6-5（a）中展示了在 DBLP 数据集上固定社区个数并变化主题个数的困惑度比较，可以看出方法 DTCD($|C|=3, |Z|=20$) 完成了最低的困惑度值。在图 6-5（b）中展示了在 Reddit 数据集中固定社区个数并变化主题个数的困惑度比较，可以看出方法 DTCD($|C|=3, |Z|=20$) 完成了最低的困惑度值。也就是说，与其他方法相比，DTCD 找到了最接近真实分布的分布。DTCD 将短文本与单个主题进行关联，并通过社区将相似文档聚集到一起，所以 DTCD 比其他方法能找到更好的主题。另外，DTCD 在建模时将所有快照网络看作是整个网络进行处理，而 CPD 将各个快照网络分开处理忽略了快照网络之间的联系，这也是导致其困惑度值高的原因。

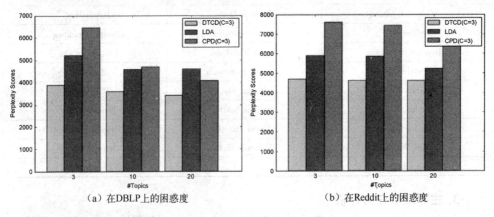

（a）在DBLP上的困惑度　　　　　　　　　　（b）在Reddit上的困惑度

图 6-5　真实网络中 3 种算法困惑度对比

DTCD 不仅能发现主题而且还能发现其时间变化，从图 6-6 中可以看出不同主题在不同时刻的强度变化，图中的纵坐标的数值表示在所有时间片中主题在当前时刻出现的概率。值得注意的是图中的每条线表示每个主题在相应时刻的相对的主题强度的趋势变化情况，而图中的两条线之间没有关联关系。在图 6-6（a）中，上升趋势形状的线表示 2001 年到 2011 年有越来越多的论文发表到该 11 个国际学术会议上。在图 6-6（b）中，可以看出主题"电影"在这 7 天中变化不是很明显，而主题"政治"和主题"科学"变化比较剧烈。

在表 6-4 中，列出了 DTCD 在 DBLP 数据集中发现的三大主题的具有代表性的词，这些词出现在该主题的频率较高。数据挖掘与数据库主题包含了关于数据挖掘与数据库的研究分支，比如频繁模式挖掘（frequent pattern mining），图挖掘（graph mining）和数据库查询（database querying）。人工智能与机器学习主题包含了关于人工智能与机器学习的研究分支，比如自适应在线学习（adaptive online learning）和贝叶斯网络模型学习（bayesian network model learning）。计算机视觉和模式识别主题包含了关于计算机视觉和模式识别的研究分支，比如人脸识别（face recognition），手势动作识别（hand motion recognition）和轮廓追踪（contour tracking）。

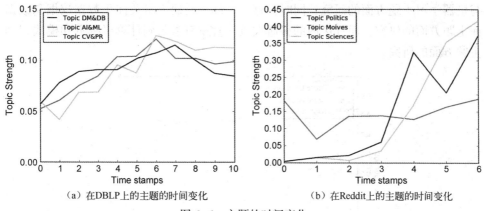

（a）在DBLP上的主题的时间变化　　　　　（b）在Reddit上的主题的时间变化

图 6-6　主题的时间变化

4. 社区在主题维度上的分布

DTCD 设一个社区与多个主题的混合分布相关联，而不是关联一个主题。DTCD 通过参数 ψ 获得社区在主题维度上的分布，其中每个分项 $\psi_{c,z}$ 表示社区 c 中的用户 u 讨论主题 z 的概率。在图 6-7 中，给出了 DBLP 和 Reddit 数据集上的社区与主题之间的关联关系。可以看出计算机视觉和模式识别社区中的科研人员仅关注计算机视觉和模式识别主题方面的研究；人工智能和机器学习社区中的大部分科研人员关注人工智能和机器学习主题方面的研究，同时也有一些科研人员关注数据挖掘和数据库主题方面的研究；数据挖掘和数据库社区的大部分科研人员关注数据挖掘和数据库主题方面的研究，同时也有一些科研人员关注人工智能和机器学习主题方面的研究。

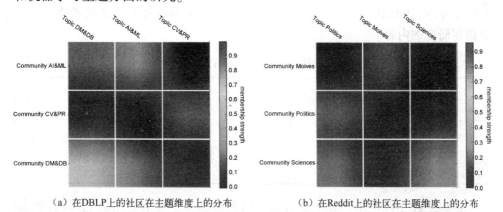

（a）在DBLP上的社区在主题维度上的分布　　　（b）在Reddit上的社区在主题维度上的分布

图 6-7　社区在主题维度上的分布

　　DTCD 可以通过参数 π 和 ψ 推断出某个给定社区在各个时刻对各个主题的兴趣的变化情况。在图 6-8 中，展示了在人工智能和机器学习社区中的各个主题的时间变化。可以看出，人工智能和机器学习社区中科研人员一直关注于人工智能与机器学习主题方面的研究，同时一直有一部分科研人员关注于数据挖掘和数据库主题方面的研究，而社区内的科研人员一直没有参与到计算机视觉和模式识别主题方面的研究。

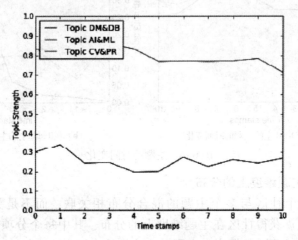

图 6-8　人工智能和机器学习社区在主题维度上随时间变化的趋势

　　值得注意的是，从表 6-5 中可看出 DTCD 的运行时间最长，原因在于 DTCD 处理的数据规模远大于其他方法，在同一时刻，两个结点之间存在多次交互，其他方法将其看作是一条边，而 DTCD 将其看作多个邻居结点，如此导致数据量增加；其他方法将文本数据作为结点的属性向量，而 DTCD 将其看作独立的文本进行处理；DTCD 不但要推断社区和主题，而且要推断社区和主题之间的关系；综合以上原因，DTCD 的运行时间最长。如何提升 DTCD 的推断算法的效率也是一个值得研究的内容。

表 6-5　每个方法的总体运行时间的对比　　　　　　单位：秒

数 据 集	Reddit	DBLP
FacetNet	834	231
NEIWalk	717	187
CPD	81	118
DTCD	12 602	8 708

　　正如文献 [18] 中一样，本节通过周期性地计算观测数据的 log-likelihood 来监测推理算法的收敛性，比如，图 6-9 展示了 Collapsed 吉布斯采样在 DBLP

网络上的收敛过程。

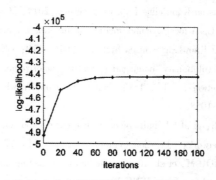

图 6-9　Collapsed 吉布斯采样在 DBLP 网络上的收敛性示例

6.3　本章小结

　　本章定义了动态主题社区发现问题，并提出了动态主题社区发现模型（DTCD），该模型对网络结构、文本内容和时间信息进行了统一建模。DTCD 将社区和主题建模为潜在变量，并将社区和主题的时间变化建模为在时间维度上的多项式分布。通过推断潜在变量，DTCD 能够发现社区及其时间变化、主题及其时间变化和社区与主题之间的关联关系。本章在两个真实世界数据集上进行了实验。在社区发现与主题提取的任务上，DTCD 的运行结果优于其他对比方法的运行结果；并展示了 DTCD 发现的社区的时间变化效果、主题的时间变化效果；还展示了 DBLP 数据中的三个社区的代表性科研人员及三个主题的代表性词语；最后展示了社区与主题之间的关联关系及某个社区对各个主题感兴趣程度随时间变化的情况。

本章参考文献

［1］FORTUNATO S. Community detection in graphs［J］. Physics reports, 2010, 486（3-5）: 75-174.

［2］TANG L, LIU H, ZHANG J, et al. Community evolution in dynamic multi-mode networks［C］. //Proceedings of the 14th ACM SIGKDD international conference on Knowledge discovery and data mining. Las Vegas, USA: ACM Press, 2008: 677-685.

［3］LIN Y, CHI Y, ZHU S, et al. Facetnet: a framework for analyzing communities and their evolutions in dynamic networks［C］. //Proceedings of the 17th International Conference on World Wide Web. Beijing, China: ACM Press, 2008: 685-694.

［4］ASUR S, PARTHASARATHY S, UCAR D. An event-based framework for characterizing the evolutionary behavior of interaction graphs［J］. ACM Transactions on Knowledge Discovery from Data（TKDD）, 2009, 3（4）: 16.

[5] WANG C, LAI J, YU P S. NEIWalk: Community Discovery in Dynamic Content-Based Networks [J]. IEEE Transactions on Knowledge Data Engineering, 2014, 26 (7): 1734-1748.

[6] HU Y, YANG B, LV C. A local dynamic method for tracking communities and their evolution in dynamic networks [J]. Knowledge-Based Systems, 2016, 110: 176-190.

[7] MA X, DONG D. Evolutionary nonnegative matrix factorization algorithms for community detection in dynamic networks [J]. IEEE Transactions on Knowledge and Data Engineering, 2017, 29 (5): 1045-1058.

[8] ZHOU X, LIU Y, LI B, et al. A multiobjective discrete cuckoo search algorithm for community detection in dynamic networks [J]. Soft Computing, 2017, 21 (22): 6641-6652.

[9] CHENG J, WU X, ZHOU M, et al. A novel method for detecting new overlapping community in complex evolving networks [J]. IEEE Transactions on Systems, Man, and Cybernetics: Systems, 2018: 1-13.

[10] LIU Y, NICULESCU-MIZIL A, GRYC W. Topic-link LDA: joint models of topic and author community [C]. //Proceedings of the 26th Annual International Conference on Machine Learning. Montreal: ACM Press, 2009: 665-672.

[11] ZHU Y, YAN X, GETOOR L, et al. Scalable text and link analysis with mixed-topic link models [A]. //Proceedings of the 19th ACM SIGKDD International Conference on Knowledge Discovery and Data Mining [C]. Chicago: ACM Press, 2013: 473-481.

[12] CAI H, ZHENG V W, ZHU F, et al. From community detection to community profiling [J]. Proceedings of the VLDB Endowment, 2017, 10 (7): 817-828.

[13] WANG X, MCCALLUM A. Topics over time: a non-markov continuous-time model of topical trends [C]. //Proceedings of the 12th ACM SIGKDD international conference on Knowledge discovery and data mining. Philadelphia, USA: ACM Press, 2006: 424-433.

[14] DIAO Q, JIANG J, ZHU F, et al. Finding bursty topics from microblogs [C]. //Proceedings of the 50th Annual Meeting of the Association for Computational Linguistics: Long Papers - Volume 1. Jeju, Korea: Association for Computational Linguistics, 2012: 536-544.

[15] ASUNCION A U, WELLING M, SMYTH P, et al. On Smoothing and Inference for Topic Models [C]. //Proceedings of the 25th Conference on Uncertainty in Artificial Intelligence. Montreal, Canada: AUAI Press, 2009: 27-34.

[16] GRIFFITHS T L, STEYVERS M. Finding scientific topics [J]. Proceedings of National Academy of Sciences of the United States of America, 2004, 101 (Suppl 1) (1): 5228-5235.

[17] BLEI D M, NG A Y, JORDAN M I. Latent dirichlet allocation [J]. Journal of Machine Learning Research, 2003, 3 (Jan): 993-1022.

[18] GRIFFITHS T L, STEYVERS M. Finding scientific topics [J]. Proceedings of National Academy of Sciences of the United States of America, 2004, 101 (Suppl 1) (1): 5228-5235.

[19] STREHL A, GHOSH J. Cluster ensembles: a knowledge reuse framework for combining multiple partitions [J]. Journal of machine learning research, 2002, 3 (Dec): 583-617.

第7章 基于网络表示学习的社区发现方法

7.1 概述

众多复杂系统采用网络形式呈现，比如社交网络、生物网络和信息网络。众所周知，网络数据通常很复杂，因此很难处理。为了有效地处理网络数据，首要的挑战是找到有效的网络数据表示形式，即如何简洁地表示网络，以便可以在时间和空间上高效地执行高级分析任务，例如模式发现、分析和预测。传统上，通常用图 $G=(V,E)$ 表示网络，其中 V 是代表网络中结点的顶点集，而 E 是代表结点之间关系的边集。对于大型网络（例如具有数十亿个结点的网络），传统的网络表示形式对网络处理和分析提出了如下挑战。

① 高计算复杂度。网络中的结点在某种程度上彼此关联，由传统网络表示中的边集 E 编码。这些关系导致大多数网络处理或分析算法迭代或组合计算步骤，从而导致较高的计算复杂性。例如，一种流行的方法是使用两个结点之间的最短或平均路径长度来表示它们的距离。为了使用传统的网络表示来计算这样的距离，必须枚举两个结点之间的许多可能路径，这实际上是一个组合问题。另一个例子是，许多研究假设链接到重要结点的结点往往很重要，反之亦然。为了使用传统的网络表示来评估结点的重要性，必须迭代地执行随机结点遍历过程，直到达到收敛为止。这种使用传统网络表示的方法会导致较高的计算复杂度，从而使其无法应用于大规模的现实世界网络。

② 低可并行性。并行和分布式计算实际上是处理和分析大规模数据的方法。但是，以传统方式表示的网络数据给并行和分布式算法的设计和实现带来了极大的困难。瓶颈在于网络中的结点之间相互耦合（由 E 明确反映）。因此，将不同的结点分布在不同的分片或服务器中通常会导致服务器之间的通信成本过高，并阻碍了加速比。尽管通过细分大型图[1]在图并行化方面取得了有限的进展，但是这些方法的效果在很大程度上取决于基础图的拓扑特性。

③ 机器学习方法的不适用性。最近，机器学习方法，尤其是深度学习，在许多领域都非常强大。这些方法为广泛的问题提供了标准、通用和有效的解决方案。但是，对于以传统方式表示的网络数据，大多数现成的机器学习方法可能不适用。这些方法通常假设数据样本可以由向量空间中的独立向量表示，而网络数

据（即结点）中的样本在某种程度上由 E 相互依赖。尽管可以简单地用它在网络邻接矩阵中的对应行向量，在具有许多结点的大图中的这种表示形式的极高维数，使得后续网络处理和分析变得很困难。

如今，传统的网络表示已成为大规模网络处理和分析的瓶颈。最大的障碍是使用传统表示中的一组边线来明确表示关系。为了解决该挑战，已经投入大量努力来开发新颖的网络表示，即，学习网络结点的低维向量表示。在网络嵌入空间中，结点之间的关系（最初由图形中的边或其他高阶拓扑度量表示）由向量空间中结点之间的距离捕获，并且结点的拓扑和结构特征编码到其表示向量中[2]。

网络嵌入作为一种有前景的网络表示方式，能够支持下游的网络处理和分析任务，例如结点分类[3]、结点聚类[4]、网络可视化[5~6]和链接预测[7]。如果实现了此目标，则网络嵌入相对于传统网络表示方法的优势将显而易见，如图7-1所示。传统的基于拓扑的网络表示通常直接使用观察到的邻接矩阵，该矩阵可能包含噪声或冗余信息。基于嵌入的表示首先旨在学习低维空间中结点的密集和连续表示，从而可以减少噪声或冗余信息，并可以保留固有结构信息。由于每个结点都由包含感兴趣信息的向量表示，因此可以通过计算映射函数，距离度量或对嵌入向量的运算来解决网络分析中的许多迭代或组合问题，从而避免高复杂性。由于结点之间不再耦合，因此将主流并行计算解决方案应用于大规模网络分析很方便。此外，网络嵌入可以为受益于丰富的机器学习文献的网络分析提供机会。许多现成的机器学习方法（例如深度学习模型）可以直接应用于解决网络问题[1]。

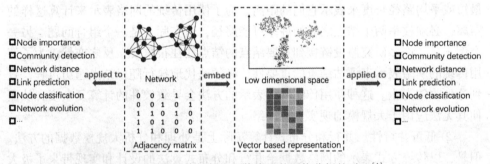

图7-1　基于网络拓扑和网络表示的网络分析的对比[1]

7.2　基于矩阵分解的网络表示学习方法

邻接矩阵通常用于表示网络的拓扑，其中每一列和每一行代表一个结点，矩阵元素表示结点之间的关系。可以简单地使用行向量或列向量作为结点的向量表示，但是形成的表示空间是 N 维的，其中 N 是结点数。旨在学习网络的低维向量空间的网络嵌入最终是要找到一个代表网络的低秩空间，而不是 N 维空间。从这个意义上讲，具有为原始矩阵学习低秩空间的目标相同的矩阵分解方法自然可以用于解决此问题。在一系列矩阵分解模型中，奇异值分解（singular value decomposition，SVD）由于其对低秩逼近的最优性而通常用于网络嵌入[7]。非负矩阵分解因其作为加性模型的优势而经常被使用[4]。下面介绍保持社区结构的网络表示学习方法[4]。

7.2.1　M-NMF 模型[4]

设 $G=(V,E)$ 表示一个具有 n 个顶点和 e 条边的无向网络，$A=[A_{ij}] \in \mathbb{R}^{n\times n}$ 是网络 G 的邻接矩阵。目的是学习结点的表示向量 $U \in \mathbb{R}^{n\times m}$，其中 $m \ll n$ 表示向量的维度。

1. 建模社区结构

基于模块化最大化的社区发现方法是最广泛使用的算法之一，用于对社区结构进行建模。具体来说，给定一个具有两个社区的网络 A，则模块化定义如下：

$$Q = \frac{1}{4e} \sum_{ij} \left(A_{ij} - \frac{k_i k_j}{2e} \right) h_i h_j \tag{7-1}$$

其中，k_i 表示结点 i 的度，$h_i=1$ 表示结点 i 属于第 1 个社区，否则 $h_i=0$。设 $B \in \mathbb{R}^{n\times n}$ 表示模块度举证，其中 $B_{ij}=A_{ij}-\dfrac{k_i k_j}{2e}$，那么 $Q=\dfrac{1}{4e}h^{\mathrm{T}}Bh$，$h=[h_i] \in \mathbb{R}^n$ 表示社区隶属度向量。

为了扩展到多个社区，将社区隶属度指示器扩展为 $H \in \mathbb{R}^{n\times k}$，其中每列表示一个社区。在 H 的每列中，只有一个元素值为 1，其他值为 0。得到如下 $\mathrm{tr}(H^{\mathrm{T}}H)=n$。得到如下公式：

$$Q=\mathrm{tr}(H^{\mathrm{T}}BH), \quad \mathrm{s.t.}\ \mathrm{tr}(H^{\mathrm{T}}H)=n \tag{7-2}$$

其中 $\mathrm{tr}(X)$ 表示矩阵 X 的迹。

2. 建模微观结构

本节描述如何同时保留结点的一阶和二阶相似度。一阶接近度定义如下。

定义 7-1　（一阶相似度 $S^{(1)}=[S_{ij}^{(1)}] \in \mathbb{R}^{n\times n}$）一阶相似度是两个结点之间连接的相似度，即如果 $A_{ij}>0$，则结点 i 和 j 之间存在正的一阶相似度，否则，一阶相似度为 0。

定义 7-2　（二阶相似度 $S^{(2)}=[S_{ij}^{(2)}] \in \mathbb{R}^{n\times n}$）设 $N_i=(S_{i,1}^{(1)},\cdots,S_{i,n}^{(1)})$ 表示结点 i 和其他结点之间的一阶相似度。那么结点 i 和结点 j 之间的二阶相似度通过 N_i 和 N_j 计算，通过两者的余弦相似度定义二阶相似度，即 $S_{ij}^{(2)} = \dfrac{N_i N_j}{\|N_j\| \|N_i\|}$，其中 $\|X\|$ 表示集合 X 的基。为了保持一阶和二阶相似度，设 $S=S^{(1)}+\eta S^{(2)}$，η 表示二阶相似度的权重，此处 $\eta=5$。引入非负偏置 $M \in \mathbb{R}^{n\times m}$ 和非负表示矩阵 $U \in \mathbb{R}^{n\times m}$，

获得如下目标函数：

$$\min\|S-MU^{\mathrm{T}}\|_F^2, \quad \text{s.t.} \quad M\geq0, U\geq0 \tag{7-3}$$

3. 统一网络嵌入模型

本节目的在于结合以上两个模型，融合社区指导表示矩阵 U 的学习过程。引入辅助非负社区表示矩阵，记为 $C\in\mathbb{R}^{k\times m}$。第 r 行 C_r 是社区 r 的表示。如果结点的表示与社区的表示具有非常高的相似度，那么该结点就会高概率输入该社区。融合目标函数式（7-2）和式（7-3）得如下综合目标函数：

$$\min_{M,U,H,C}\|S-MU^{\mathrm{T}}\|_F^2+\alpha\|H-UC^{\mathrm{T}}\|_F^2-\beta\mathrm{tr}(H^{\mathrm{T}}BH)$$

$$\text{s.t.}, M\geq0, U\geq0, H\geq0, C\geq0, \mathrm{tr}(H^{\mathrm{T}}H)=n \tag{7-4}$$

其中 α，β 为正参数，用来调节各项的贡献度。

7.2.2 模型最优化

目标函数式（7-4）是非凸问题，此处分为 4 个子问题并迭代优化，并保证每个子问题收敛于局部最优。

（1）M 子问题

更新 M 时，固定公式（7-4）中的其他变量，是标准 NMF 形式，更新规则如下：

$$M\leftarrow M\odot\frac{SU}{MU^{\mathrm{T}}U} \tag{7-5}$$

（2）U 子问题

更新 U 时，固定公式（7-4）中的其他变量，是联合 NMF 问题，更新规则如下：

$$U\leftarrow U\odot\frac{S^{\mathrm{T}}M+\alpha}{MU^{\mathrm{T}}U} \tag{7-6}$$

（3）C 子问题

更新 C 时，固定公式（7-4）中的其他变量，是标准 NMF 形式，更新规则如下：

$$C\leftarrow C\odot\frac{H^{\mathrm{T}}U}{CU^{\mathrm{T}}U} \tag{7-7}$$

（4）H 子问题

更新 H 时，固定公式（7-4）中的其他变量，需要解决如下函数：

$$\min_{H\geq0}L(H)=\alpha\|H-UC^{\mathrm{T}}\|_F^2-\beta\mathrm{tr}(H^{\mathrm{T}}(A-B_1)H), \text{s.t.} \mathrm{tr}(H^{\mathrm{T}}H)=n \tag{7-8}$$

其中 $B_1=\dfrac{k_ik_j}{2e}$，得到 H 的更新规则如下：

$$H \leftarrow H \odot \sqrt{\frac{-2\beta B_1 H + \sqrt{\Delta}}{8\lambda HH^T H}} \tag{7-9}$$

7.3　基于随机游走的网络表示学习方法

如前所述，保持网络结构是网络嵌入的基本要求。描述结点的局部结构特征的邻居结构对于网络嵌入也很重要。尽管结点的邻接向量对结点的一阶邻域结构进行编码，但是由于大规模网络中稀疏性的特征，结点的邻居向量通常是稀疏，离散和高维向量。这样的表示对后续的任务并不友好。在自然语言处理领域，单词表示也遭受类似的限制。Word2Vector[8]通过将稀疏，离散和高维向量转换为密集，连续和低维向量，大大提高了词表示的效率。Word2Vector 的直觉是，单词向量应该能够重建其由共现率定义的相邻单词的向量。网络嵌入的一些方法借鉴了这些想法。关键问题是如何在网络中定义"邻居"。为了与 Word2Vector 进行类比，利用随机游走模型通过网络生成随机路径。通过将结点视为单词，可以将随机路径视为句子，并且可以像 Word2Vector 中那样通过共现率来识别结点邻域。一些代表性的方法包括 DeepWalk[9]和 Node2Vec[10]。

7.3.1　DeepWalk：社交表示的在线学习[9]

DeepWalk 算法包含两部分，一部分是随机游走生成器，另一部分是更新过程。随机游走生成器采用图 G 并均匀采样随机顶点 v_i 作为随机游走 W_{v_i} 的根。游走从访问的最后一个顶点的邻居开始均匀采样，直到达到最大长度 t。虽然将实验中随机游走的长度设置为固定，但对于随机游走的长度没有限制。随机游走可能会重新开始，但是初步结果并未显示出使用重新开始的任何优势。实际上，实现指定了从每个顶点出发的多个长度为 t 的随机游动 γ。具体的算法框架如算法 7-1 所示。

算法 7-1　DeepWalk(G, w, d, γ, t)

输入：图 G(V, E)，窗口大小 w，嵌入大小 d，每个顶点的游走步数 γ，游走长度 t

输出：结点表示矩阵 $\Phi \in \mathbb{R}^{|V| \times d}$

1：初始化：从 $U^{|V| \times d}$ 采样 Φ

2：从 V 构造二叉树 T

3：for I = 0 to γ do

4：　　$\mathcal{O}$ = Shuffle(V)

5：　　for each $v_i \in \mathcal{O}$ do

6：　　　　W_{v_i} = RandomWalk(G, v_i, t)

7：   SkipGram(Φ, W_{v_i}, w)

8：   end for

9：end for

算法7-1中的第3~9行是方法的核心。外循环指定了次数 γ，应该在每个顶点处开始随机游走。每次迭代都是对数据进行"遍历"，并在此遍历中每个结点采样一次。在每次遍历开始时，都会生成一个随机排序以遍历顶，加快随机梯度下降的收敛速度。在内部循环中，遍历图的所有顶点。对于每个顶点 v_i，生成一个随机游走序列 $|W_{v_i}|=t$，然后使用它来更新向量表示（第7行）。根据公式（7-10）中的目标函数，使用 SkipGram 算法更新这些表示。

$$\min_{\Phi} -\lg Pr(\{v_{i-w}, \cdots, v_{i+w}\} \backslash v_i \mid \Phi(v_i)) \tag{7-10}$$

SkipGram 是一种语言模型，可最大限度地提高出现在窗口 w 中句子中的单词之间的共现概率，如算法7-2所示。

算法7-2   SkipGram(Φ, W_{v_i}, w)

1：for each $v_j \in W_{v_i}$ do

2：   for each $u_k \in W_{v_i}[j-w, j+w]$ do

3： $J(\Phi) = -\lg Pr(u_k \mid \Phi(v_j))$

4： $\Phi = \Phi - \alpha * \dfrac{\partial J}{\partial \Phi}$

5：   end for

6：end for

它使用以下独立性假设近似公式（7-10）中的条件概率：

$$Pr(\{v_{i-w}, \cdots, v_{i+w}\} \backslash v_i \mid \Phi(v_i)) = \prod_{\substack{j=i-w \\ j \neq i}}^{i+w} Pr(v_j \mid \Phi(v_i)) \tag{7-11}$$

算法7-2迭代出现在窗口 w 中的随机游走中所有可能组合（第1~2行）。对于每个顶点，将每个顶点 v_j 映射到其当前表示向量 $v_j \in \mathbb{R}^d$。给定 v_j 的表示形式，希望最大化其在随机游走中的邻居的概率（第3行）。可以使用几种分类器来学习这种后验分布。采用层次 Softmax 来近似概率分布。

7.3.2   Node2Vec：大规模网络特征学习[10]

Node2Vec 将网络特征学习定义为最大似然最优化问题。设 $G=(V, E)$ 表示网络，包括了任意有向（无向）和有权（无权）网络。设 $f: V \to \mathbb{R}^d$ 为结点向特征表

示的映射函数。此处 d 是特征表示空间的维数。显然，f 矩阵的大小为 $|V| \times d$。对于每个源结点 $u \in V$，定义 $N_S(u) \subset V$ 是结点 u 的网络邻居，通过采样策略 S 生成的邻居。通过最优化如下目标函数，给定 f 后最大化结点 u 的邻居 $N_S(u)$ 的 log 概率：

$$\max_f \sum_{u \in V} \lg \Pr(N_S(u) \,|\, f(u)) \tag{7-12}$$

为了使最优化问题变得易处理，做出如下假设。

① 条件独立。通过假设观察到邻域结点的可能性独立于观察任何其他邻域结点（在给定源结点特征表示的情况下），对似然性进行分解：$\Pr(N_S(u) \,|\, f(u)) = \prod_{n_i \in N_S(u)} \Pr(n_i \,|\, f(u))$；

② 特征空间的对称性。源结点和邻域结点在特征空间中彼此对称。

因此，将每个源-邻居结点对的条件似然建模为由其特征的点积参数化的 softmax 单元：$\Pr(n_i \,|\, f(u)) = \dfrac{\exp(f(n_i) \cdot f(u))}{\sum_{v \in V} \exp(f(v) \cdot f(u))}$。则目标函数式（7-12）简化为：

$$\max_f \sum_{u \in V} \left[-\lg Z_u + \sum_{n_i \in N_S(u)} f(n_i) \cdot f(u) \right] \tag{7-13}$$

对于大型网络，每个结点的分区函数的计算成本很高，此处使用负采样对其进行近似。在定义特征 f 的模型参数上使用随机梯度上升优化目标函数。基于 Skip-gram 架构的特征学习方法最初是在自然语言的背景下开发的。给定文本的线性性质，可以使用连续单词上的滑动窗口自然定义邻域的概念。但是，网络不是线性的，因此需要更丰富的邻域概念。为了解决此问题，提出了一种随机过程，该过程对给定源结点 u 的许多不同邻域进行采样。邻域 $N_S(u)$ 不仅限于直接邻居，还可以根据采样策略 S 具有极大不同的结构。策略 S 包含了宽度优先采样（BFS）和深度优先采样（DFS）。

1. 随机游走

形式上，给定源结点 u，将模拟固定长度为 1 的随机游走。令 c_i 表示游走序列中的第 i 个结点，从 $c_0 = u$ 开始。结点 c_i 由以下分布 P 生成：

$$P(c_i = x \,|\, c_{i-1} = v) = \begin{cases} \dfrac{\pi_{vx}}{Z} & (v, x) \in E \\ 0 & \text{其他} \end{cases} \tag{7-14}$$

其中，π_{vx} 表示为结点 v 和结点 x 之间的标准化转移概率，而 Z 表示标准化常量。

2. 搜索偏置 α

偏置随机游走的最简单方法是根据静态边权重 w_{vx} 采样下一个结点，即 $\pi_{vx} = w_{vx}$（在无权图中，$w_{vx} = 1$）。但是，这样的策略没有考虑网络结构，并且不能探索不同类型的网络邻域。此外，不同于 BFS 和 DFS，随机游走应考虑以下事实：这些对等概念不是竞争性或排他性的，现实世界中的网络通常会同时体现这两者。定义一个带有两个参数 p 和 q 的二阶随机游走进行游走导向：考虑一个随机游走，该游走仅经过边 (t,v)，并停留在 v（见图 7-2）。现在，游走需要决定下一步，以便评估从 v 引出的边 (v,x) 上的转移概率 π_{vx}。将未归一化的转移概率设置为 $\pi_{vx}=\alpha_{pq}(t,x)\cdot w_{vx}$，其中

$$\alpha_{pq}=\begin{cases}\dfrac{1}{p} & d_{tx}=0 \\ 1 & d_{tx}=1 \\ \dfrac{1}{q} & d_{tx}=2\end{cases} \tag{7-15}$$

d_{tx} 表示结点 t 和结点 x 之间的最短路径距离。注意 d_{tx} 必须取 $\{0,1,2\}$ 之一，因此，p 和 q 是必要的且足够引导随机游走。

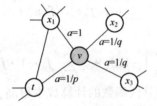

图 7-2　node2vec 中的随机游走的说明

直观上，参数 p 和 q 控制着随机游走探索结点 u 的邻居结点的快慢。特殊地，参数 p 和 q 使得搜索过程近似 BFS 和 DFS 的折中。

（1）返回参数 p

参数 p 控制游走过程中立刻重新访问结点的似然性。当 p 取较大的值时（$>\max(q,1)$），表示在接下来两步中较小概率访问已经访问过的结点。这种策略偏向于适度的探索，并避免采样中的 2 跳冗余。另外，如果 p 取较小的值时（$<\min(q,1)$），将导致回溯一步，这将导致在起始结点 u 附近游走。

（2）in-out 参数 q

参数 q 使得搜索区分为"向内"和"向外"结点。图 7-2 中，如果 $q>1$，则随机游走偏向靠近结点 t 的结点。如此，采样的样本结点偏向于邻居结点，类似于 BFS 遍历策略。相反，如果 $q<1$，则游走更倾向于访问距离结点 t 较远的结点，类似于 DFS 遍历策略。但是，被采样的结点与给定源结点 u 的距离并不是严格增加的，同时，这种策略使得预处理比较容易且高效。注意，通过将 π_{vx} 设置为游走 t 中先前结点的函数，随机游走就变成二阶马尔可夫式。

（3）随机游走的益处

与纯 BFS/DFS 方法相比，随机游走有几个好处。就空间和时间复杂度而言，

随机游走在计算上是高效的。存储图中每个结点的直接邻居的空间复杂度为 $O(|E|)$。对于二阶随机游走，存储每个结点的邻居之间的连边是有益的，导致 $O(a^2|V|)$ 的空间复杂度，其中 a 是图的平均程度，对于现实世界的网络通常很小。与经典的基于搜索的采样策略相比，随机游走的另一个主要优势是时间复杂度。特别是，通过在样本生成过程中强加图连通性，随机游走可通过在不同源结点之间重用样本来提高有效采样率。通过模拟长度为 $l>k$ 的随机游走，由于随机游走的马尔可夫性质，可以立即为 $1\sim k$ 个结点生成 k 个样本，每个样本的时间复杂度为 $O\left(\dfrac{l}{k(l-k)}\right)$。

3. node2vec 算法

node2vec 算法见算法 7-3。

算法 7-3　　node2vec 算法

LearnFeatures (Graph G = (V, E, W), Dimensions d, Walks per node r, Walk length l, Context size k, Return p, In-out q)

π = PreprocessModifiedWeights (G, p, q)

$G' = (V, E, \pi)$

初始化 walks 为空

for iter = 1 to r do

　　for all nodes u $\in$ V do

　　　　walk = node2vecWalk (G', u, l)

　　　　添加 walk 到 walks 中

f = StochasticGradientDescent (k, d, walks)

Return f

node2vecWalk (Graph G' = (V, E, π), Start node u, Length l)

walk $\leftarrow$ [u]

for walk_iter = 1 to l do

　　curr = walk [-1]

　　V_{curr} = GetNeighbors (curr, G')

　　S = AliasSample (V_{curr}, π)

　　添加 s 到 walk 中

Return walk

7.4　基于深度神经网络的网络表示学习方法

　　根据定义，网络嵌入是将原始网络空间转换为低维向量空间。本质问题是学习这两个空间之间的映射函数。某些方法（例如矩阵分解）假定映射函数为线性。但是，网络的形成过程复杂且高度非线性，因此线性函数可能不足以将原始网络映射到嵌入空间。

　　如果要寻找有效的非线性函数学习模型，深层神经网络肯定是有用的选择，因为它们在其他领域取得了巨大的成功。关键的挑战是如何使深度模型适合网络数据，以及如何在深度模型上增加网络结构和属性级别的约束。一些代表性的方法，例如 SDNE[6]，DNGR[11] 和 SiNE[12]，提出了用于网络嵌入的深度学习模型，以应对这些挑战。同时，深度神经网络在提供端到端解决方案方面的优势也众所周知。因此，在有高级信息可用的问题中，很自然地利用深度模型来提出端到端网络嵌入解决方案。

7.4.1　SDNE 结构化深度网络表示学习方法[6]

1. 框架

SDNE 是一种基于半监督深度模型的网络表示方法，框架图如图 7-3 所示。

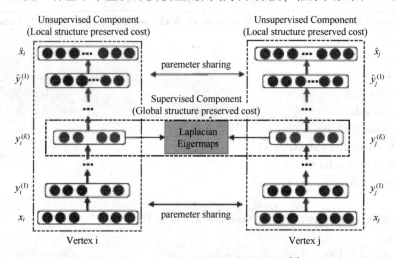

图 7-3　SDNE 半监督深度模型框架图[6]

　　为了捕捉高级非线性网络结构，提出一种由多个非线性映射函数组成的深度结构，将输入数据映射到高级非线性潜在空间。SDNE 利用一阶和二阶相似度解决结构保持和稀疏问题。对于每个结点，可以获取其邻居结点。对应地，通过重构每个结点的邻居结构设计非监督组件（unsupervised component）来保持二阶相似度。同时，对于少部分结点对，可获得其相似度，也就是一阶相似度。因此，利用一阶相似度来设计监督组件（supervised component）来优化潜在空间的表示。通过联合优化监督和非监督组件，SDNE 可以很好地保持高级非线性局部–全局网络结构，并且对稀疏网络具有健壮性。

2. Loss 函数

　　在网络中，可以观察到一些边，但同时未观察到许多合法的边，这意味着顶点之间的边表明结点之间的相似性，但没有边不一定表明结点间的相异性。此外，由于网络的稀疏性，邻接矩阵 S 中非零元素的数量远远少于零元素的数量。如果直接使用 S 作为传统自编码器的输入，则更倾向于在 S 中重建零元素。为了解决这个问题，对非零元素的重构误差施加了比零元素更大的惩罚。目标函数如下所示：

$$\mathcal{L}_{2nd} = \sum_{i=1}^{n} \| (\hat{x}_i - x_i) \odot b_i \|_2^2 = \| (\hat{X} - X) \odot B \|_F^2 \tag{7-16}$$

其中，$\odot$ 表示哈达玛积，$b_i = \{ b_{i,j} \}_{j=1}^n$。如果 $s_{i,j} = 0$，那么 $b_{i,j} = 1$，否则 $b_{i,j} = \beta > 1$。通过使用邻接矩阵 S 作为输入的深度自动编码器，具有相似邻居结构的顶点将在表示空间中具有更近的距离。也就是说，通过重构顶点之间的二阶接近度可保持全局网络结构。

利用一阶相似性表示局部网络结构。将一阶相似性作为监督信息来限制结点对在潜在空间的相似性。Loss 函数为

$$\mathcal{L}_{1st} = \sum_{i,j=1}^{n} s_{i,j} \| y_i^{(K)} - y_j^{(K)} \|_2^2 = \sum_{i,j=1}^{n} s_{i,j} \| y_i - y_j \|_2^2 \tag{7-17}$$

为了同时保持一阶和二阶相似性，将公式（7-16）和公式（7-17）结合，并联合优化如下目标函数。

$$\mathcal{L}_{mix} = \mathcal{L}_{2nd} + \alpha \mathcal{L}_{1st} + \nu \mathcal{L}_{reg} = \| (\hat{X} - X) \odot B \|_F^2 + \alpha \sum_{i,j=1}^{n} s_{i,j} \| y_i - y_j \|_2^2 + \nu \mathcal{L}_{reg} \tag{7-18}$$

其中，$\mathcal{L}_{reg}$ 是 $\mathcal{L}_2$ 范数规则化项，防止过拟合。

$$\mathcal{L}_{reg} = \frac{1}{2} \sum_{k=1}^{K} \| W^{(k)} \|_F^2 + \| \hat{W}^{(k)} \|_F^2 \tag{7-19}$$

3. 模型优化

最小化 $\mathcal{L}_{mix}$ 的函数记为 θ。关键步骤是计算偏导 $\partial \mathcal{L}_{mix} / \partial \hat{W}^{(k)}$ 和 $\partial \mathcal{L}_{mix} / \partial W^{(k)}$。

$$\frac{\partial \mathcal{L}_{mix}}{\partial \hat{W}^{(k)}} = \frac{\partial \mathcal{L}_{2nd}}{\partial \hat{W}^{(k)}} + \nu \frac{\partial \mathcal{L}_{reg}}{\partial \hat{W}^{(k)}}$$

$$\frac{\partial \mathcal{L}_{mix}}{\partial W^{(k)}} = \frac{\partial \mathcal{L}_{2nd}}{\partial W^{(k)}} + \alpha \frac{\partial \mathcal{L}_{1st}}{\partial W^{(k)}} + \nu \frac{\partial \mathcal{L}_{reg}}{\partial W^{(k)}}, \quad k = 1, \cdots, K \tag{7-20}$$

$$\frac{\partial \mathcal{L}_{2nd}}{\partial \hat{W}^{(K)}} = \frac{\partial \mathcal{L}_{2nd}}{\partial \hat{X}} \cdot \frac{\partial \hat{X}}{\partial \hat{W}^{(K)}} \tag{7-21}$$

$$\frac{\partial \mathcal{L}_{2nd}}{\partial \hat{X}} = 2(\hat{X} - X) \odot B \tag{7-22}$$

因为 $\hat{X} = \sigma(\hat{Y}^{(K-1)} \hat{W}^{(K)} + \hat{b}^{(K)})$，所以 $\partial \hat{X} / \partial \hat{W}^{(K)}$ 的计算比较简单。

$$\frac{\partial \mathcal{L}_{1st}}{\partial W^{(k)}} = \frac{\partial \mathcal{L}_{1st}}{\partial Y} \cdot \frac{\partial Y}{\partial W^{(k)}} \tag{7-23}$$

因为 $Y = \sigma(Y^{(K-1)} W^{(K)} + b^{(K)})$，所以 $\partial Y / \partial W^{(K)}$ 的计算比较简单。

$$\frac{\partial \mathcal{L}_{1st}}{\partial Y} = 2(L + L^{T}) \cdot Y \tag{7-24}$$

获得参数的偏导后，赋值初始值后，可以使用随机梯度下降来优化深度模型。注意，因为模型的高级非线性，优化过程易陷于局部最优。使用深度信念网络预训练参数。算法的框架如算法 7-4 所示。

算法 7-4　SDNE 训练

输入：$G = (V, E)$ 的邻接矩阵 S，参数 α, ν

输出：网络表示矩阵 Y，更新参数 θ

1：通过深度信念网络预训练模型并获得初始化参数 $\theta = \{\theta^{(1)}, \ldots, \theta^{(K)}\}$

2：$X = S$

3：repeat

4：　基于 X 和 θ，获得 $\hat{X}$ 和 $Y = Y^{K}$

5：　$\mathcal{L}_{mix} = \|(\hat{X} - X) \odot B\|_{F}^{2} + 2\alpha \mathrm{tr}(Y^{T} L Y) + \nu \mathcal{L}_{reg}$

6：　基于公式 (7-19)，利用 $\frac{\partial \mathcal{L}_{mix}}{\partial \theta}$ 通过整个网络反向传播获取更新参数 θ

7：until 收敛

8：获得网络表示 $Y = Y^{K}$

7.4.2　DNGR 深度神经网络的网络表示学习方法

如图 7-4 所示，DNGR 模型主要包含了三大组件。随机冲浪 (random surfing) 模型捕捉图结构信息并生成共现概率矩阵，然后基于该矩阵计算 PPMI 矩阵，最后利用 SDAE 学习结点的低维表示。

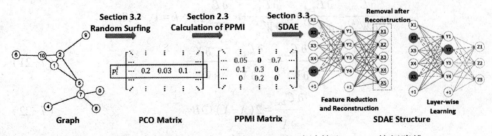

图 7-4　DNGR 主要组件：随机冲浪，PPMI 矩阵计算和 SDAE 特征降维

1. 随机冲浪和上下文加权

将图结构转换到线性序列的采样方法虽然有效,但是存在一些弱点。首先采样序列的长度是有限的。这使得很难为出现在采样序列边界上的顶点捕获正确的上下文信息。其次,要确定某些超参数(例如游走长度 η 和总步数 γ)比较困难,尤其是对于大型网络而言。为了解决这些问题,本节考虑使用受 PageRank 模型启发的随机冲浪模型。首先对图中的顶点进行随机排序。假设当前顶点是第 i 个顶点,并且存在一个转换矩阵 $\boldsymbol{A}$,该转换矩阵 $\boldsymbol{A}$ 捕获了不同顶点之间的转换概率。

引入一个行向量 $\boldsymbol{p}_k$,其第 j 项表示经过 k 步转移后到达第 j 个顶点的概率,p_0 是初始的 1-hot 向量,第 i 项的值为 1,并且所有其他项为 0。考虑重启的随机冲浪模型:每次转移随机冲浪过程会以 α 概率向下一个结点转移,以 $1-\alpha$ 概率返回原始结点并重新启动随机冲浪过程。这导致以下重现关系:

$$\boldsymbol{p}_k = \alpha \cdot p_{k-1}\boldsymbol{A} + (1-\alpha)p_0 \tag{7-25}$$

如果在随机冲浪过程中没有随机重启,经过 k 步转移后到达不同结点的概率为:

$$p_k^* = p_{k-1}^*\boldsymbol{A} = p_0\boldsymbol{A}^k \tag{7-26}$$

如果两个结点的距离越近,那么两个结点之间的关系就越紧密。因此基于与当前结点的相对距离来加权上下文结点的重要性是合理的。基于这种事实,第 i 个结点的表示应该按如下公式创建:

$$r = \sum_{k=1}^{K} w(k) \cdot \boldsymbol{p}_k^* \tag{7-27}$$

其中,$w(\cdot)$ 是递减函数。

以下基于上述随机冲浪过程构造顶点表示的方法实际上满足了上述条件:

$$r = \sum_{k=1}^{K} \boldsymbol{p}_k \tag{7-28}$$

得到下式:

$$\boldsymbol{p}_k = \alpha^k p_k^* + \sum_{t=1}^{k} \alpha^{k-t}(1-\alpha)p_{k-t}^* \tag{7-29}$$

其中,$p_0^* = p_0$。r 中的系数 p_t^* 为:

$$w(t) = \alpha^t + \alpha^t(1-\alpha)(K-t) \tag{7-30}$$

因为 $\alpha < 1$,所以 $w(t)$ 是递减函数。

2. SDAE

本节旨在探索从蕴含图结构信息的 PPMI 矩阵构造高质量的顶点的低维向量表示形式。SVD 过程虽然有效,但实际上仅产生线性变换,该线性变换从 PPMI 矩阵包含的矢量表示映射到最终的低维顶点矢量表示。可以使用深度学习中的堆栈式去噪自编码器在两个向量空间之间建立非线性映射，从原始的高维顶点向量生成压缩的低维向量。

如算法 7-5 所示，首先初始化神经网络的参数，然后使用贪婪式分层训练策略学习每层的高级抽象，使用 SDAE 增加 DNN 的健壮性。与传统自编码器不同，SDAE 在训练之前会破坏数据。通过以一定概率将向量中的某些项设为 0 来破坏每个输入的样本向量 x。这个想法类似于对矩阵补全任务中的缺失项进行建模的想法，其目的是在某些假设下利用数据矩阵中的规律性来有效地补全完整矩阵。在图 7-4 所示的 SDAE 结构中，X_i 对应于输入数据，Y_i 对应于第一层中的学习表示，而 Z_i 对应于第二层中的学习表示。临时损坏的结点（例如 X_2，X_5 和 Y_2）以深色突出显示。与标准自编码器类似，再次从潜在表示中重建数据。最优化如下目标函数：

$$\min_{\theta_1,\theta_2} \sum_{i=1}^{n} L(x^{(i)}, g_{\theta_2}(f_{\theta_1}(\widetilde{x}^{(i)}))) \tag{7-31}$$

其中 $\widetilde{x}^{(i)}$ 是被破坏后的数据 $x^{(i)}$，L 是标准平方损失。

算法 7-5　SDAE

输入:PPMI 矩阵 X,SDAE 层数 Γ

1. 初始化 SDAE

设置 j 层的结点数 n_j, $X^{(1)} = X$

2. 贪婪式分层训练

for j = 2 to Γ

　2.1 构建 SDAE 隐藏层,输入 $X^{(j)}$

　2.2 学习隐藏层表示 $h^{(j)}$

　2.3 $X^{(j)} = h^{(j)}$

输出:结点表示矩阵 R

7.5　其他网络表示学习方法

7.5.1　LINE 大规模网络表示方法

LINE 是一种大规模网络嵌入模型。该模型优化了保留本地和全局网络结构的目标。局部结构由网络中观察到的边表示，这些边捕获了结点之间的一阶相似性。然而，在现实世界的网络中，很多合法的边实际上未被观察到。换句话说，在现实世界数据中观察到的一阶邻近度不足以保存全局网络结构。探索了顶点之间的二阶相似性，通过顶点的共享邻域结构来确定的该相似性。二阶相似性可以解释为共享邻居可能相似的结点。

图 7-5 给出了一个说明性示例。由于顶点 6 和 7 之间的边权重较大，即 6 和 7 具有较高的一阶相似性，因此应在嵌入式空间中将它们彼此的距离较近。另外，尽管在顶点 5 和 6 之间没有边，但它们共享许多共同邻居，即它们具有很高的二阶相似度，因此也应彼此距离较近。通过二阶相似度可以有效地补充一阶相似度的稀疏性，并更好地保留网络的全局结构。

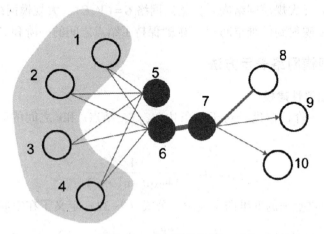

图 7-5　信息网络示例

在大规模网络中优化上述目标非常具有挑战性。一种常用方法是使用随机梯度下降法进行优化。但是，对于现实世界的信息网络而言，直接使用随机梯度下降是有问题的。因为在许多网络中，边都具有权重并且权重通常呈现高方差。对于一个单词共现网络，其中单词对的权重（共现）范围可能从一到数十万。这些边的权重将加倍梯度，导致梯度爆炸，从而影响性能。

为了解决这个问题，提出了一种新颖的边采样方法，该方法同时提高了推理的有效性和效率。以与权重成正比的概率进行边采样，然后将采样的边视为用于模型更新的二进制边。通过这种采样过程，目标函数保持不变，并且边的权重不再影响梯度。LINE 非常通用，适用于有向图或无向图，加权图或无权图。使用各种现实世界的信息网络（包括语言网络，社交网络和引用网络）评估 LINE 的性能。在多个数据挖掘任务中评估学习嵌入的有效性。LINE 能够在几小时内在一台机器上学习具有数百万个结点和数十亿个边的网络嵌入。

7.5.2　问题定义

定义 7-3　（信息网络）$G=(V,E)$ 表示信息网络，V 表示结点集合，E 表示边集合。每条边 $e \in E$ 是有序结点对 $e=(u,v)$，$w_{uv}>0$ 表示其权重。

定义 7-4　（一阶相似性）信息网络中的一阶相似性是两个结点之间的局部

成对相似性。对于边(u,v)，其权重w_{uv}表示结点u和v之间的一阶相似性。如果u和v之间没有边，其一阶相似性为0。

    定义7-5 （二阶相似性）二阶相似性就是结点u和v的邻居网络结构的相似性。设$p_u=(w_{u,1},\cdots,w_{u,|V|})$表示结点$u$与其他结点的一阶相似度，那么结点$u$和$v$的二阶相似性就是$p_u$和$p_v$的相似度。如果结点$u$和$v$没有共同邻居，那么其二阶相似性为0。

    定义7-6 （大规模网络嵌入）给定网络$G=(V,E)$，大规模网络表示的目标是将结点$v \in V$映射到低维空间$\mathbb{R}^d$。在$\mathbb{R}^d$保持了结点之间的一阶和二阶相似性。

7.5.3 大规模网络表示方法

1. 一阶相似性建模

    为了建模一阶相似度，对于每条边(i,j)，结点v_i和v_j之间的联合概率定义如下：

$$p_1(v_i,v_j)=\frac{1}{1+\exp(-\boldsymbol{u}_i^{\mathrm{T}} \cdot \boldsymbol{u}_j)} \tag{7-32}$$

其中$\boldsymbol{u}_i \in \mathbb{R}^d$是结点$v_i$的低维向量表示。公式（7-32）定义了在空间$V \times V$中的分布$p(\cdot,\cdot)$，其经验概率定义为$\hat{p}_1(i,j)=\frac{w_{ij}}{W}$，其中$W=\sum\limits_{(i,j)\in E}w_{ij}$。为了保留一阶相似性，最小化如下目标函数：

$$O_1=d(\hat{p}_1(\cdot,\cdot),p_1(\cdot,\cdot)) \tag{7-33}$$

其中$d(\cdot,\cdot)$表示两个分布的距离，此处通过最小化两个分布的KL散度，并忽略一些常量，得到如下目标函数：

$$O_1=-\sum_{(i,j\in E)}w_{ij}\lg p_1(v_i,v_j) \tag{7-34}$$

2. 二阶相似性建模

    不以一般性，给定有向网络$G=(V,E)$。二阶相似性假设共享与其他结点连接的结点之间互相相似。每个结点也被视为特定的"上下文"，并且假定在"上下文"上具有相似分布的顶点是相似的。因此每个结点具有两个角色：结点本身和其他结点的上下文。向量$\boldsymbol{u}_i$和$-\boldsymbol{u}_i'$分别表示结点v_i作为结点本身和其他结点上下文的向量表示。对于有向边(i,j)，定义结点v_i生成上下文v_j的概率：

$$p_2(v_j \mid v_i)=\frac{\exp(\boldsymbol{u}_j^{\mathrm{T}} \cdot \boldsymbol{u}_i)}{\sum\limits_{k=1}^{|V|}\exp(\boldsymbol{u}_k'^{\mathrm{T}} \cdot \boldsymbol{u}_j)} \tag{7-35}$$

其中$|V|$表示结点或上下文的个数。对于每个结点v_i，上式在上下文上定义了条件分布$p_2(\cdot \mid v_i)$。为了保持二阶相似性，应该使上下文$p_2(\cdot \mid v_i)$的条件分布接

近经验分布$\hat{p}_2(\,\cdot\,|\,v_i)$。最小化如下目标函数：

$$O_2 = \sum_{(i \in V)} \lambda_i d(p_2(\,\cdot\,|\,v_i),\hat{p}_2(\,\cdot\,|\,v_i)) \tag{7-36}$$

其中$d(\,\cdot\,,\cdot\,)$表示两个分布的距离。因为网络中结点的重要性不同，在目标函数中引入λ_i表示结点在网络中的重要性，可以通过结点度或 pagerank 方法衡量。经验分布$\hat{p}_2(\,\cdot\,|\,v_i)$定义为$\hat{p}_2(v_j\,|\,v_i) = \dfrac{w_{ij}}{d_i}$，其中$w_{ij}$表示边$(i,j)$的权重，$d_i$表示结点$i$的出度。此处，设$\lambda_i = d_i$，$d(\,\cdot\,,\cdot\,)$是 KL 散度，得到如下目标函数：

$$O_2 = -\sum_{(i,j \in E)} w_{ij}\lg p_2(v_j\,|\,v_i) \tag{7-37}$$

3. 结合一阶和二阶相似度

为了通过保留一阶和二阶相似性来嵌入网络，发现一种简单有效的方法是训练 LINE 模型，通过两种方法对每个顶点进行训练，该模型分别保留一阶接近度和二阶相似性，然后将嵌入连接起来。结合这两种相似性的方法是共同训练目标函数式（7-35）和式（7-37）。

4. 模型优化

优化目标式（7-37）的计算量很大，在计算条件概率$p_2(\,\cdot\,|\,v_i)$时，需要对整个顶点集求和。为了解决这个问题，采用采样方法，该方法根据每个边(i,j)的一些噪声分布对多个负边进行采样。为每个边(i,j)指定以下目标函数：

$$\log \sigma(\boldsymbol{u}_j'^{\mathrm{T}} \cdot \boldsymbol{u}_i) + \sum_{i=1}^{K} E_{v_n \sim P_n(v)}[\lg \sigma(\boldsymbol{u}_n'^{\mathrm{T}} \cdot \boldsymbol{u}_i)] \tag{7-38}$$

其中$\sigma(x) = 1/(1+\exp(-x))$是 sigmoid 函数。第一项建模观察的边，第二项建模了从噪声分布中采样的负边，K表示负边的条数。设$P_n(v) \propto d_v^{3/4}$，其中d_v表示结点v的出度。

对于目标函数式（7-35），存在一种朴素的解决方案：对于$i = 1,\cdots,|V|$和$k = 1,\cdots,d$，$u_{ik} = \infty$。为了避免这种解决方案，此处仍然使用负采样，即将$\boldsymbol{u}_j'^{\mathrm{T}}$换为$\boldsymbol{u}_j^{\mathrm{T}}$。

采用异步随机梯度（ASGD）算法优化目标函数式（7-38）。在每步中，ASGD 采样小批量边，然后更新参数。如果边(i,j)被采样到，嵌入向量$\boldsymbol{u}_i$的梯度计算为：

$$\frac{\partial O_2}{\partial \boldsymbol{u}_i} = w_{ij} \cdot \frac{\partial \lg p_2(v_j\,|\,v_i)}{\partial \boldsymbol{u}_i} \tag{7-39}$$

注意，梯度中乘以了边的权重w_{ij}，当权重具有高方差，这将是个问题。因为梯度的范围将会分散，不易找到好的学习率。

5. 通过边采样优化

一种简单的处理是将加权边展开为多个二进制边，例如，将权重为 w 的边展开为 w 个二进制边。虽然解决了问题，但显著增加了内存需求，尤其是当边的权重很大时。为了解决这个问题，可以从原始边采样并将采样边视为二进制边，采样概率与原始边权重成正比。通过这种边采样处理，总体目标函数保持不变。问题归结为如何根据边的权重对边进行采样。

令 $W = (w_1, w_2, \cdots, w_{|E|})$ 表示边权重的顺序。可以简单地计算权重之和 $w_{sum} = \sum_{i=1}^{|E|} w_i$，然后在 $[0, w_{sum}]$ 范围内对随机值进行采样，查看随机值落入哪个区间 $\left(\sum_{j=0}^{i-1} w_j, \sum_{j=0}^{i} w_j \right)$，时间复杂度为 $O(|E|)$，当 $|E|$ 很大时，时间复杂度非常高。使用别名表根据边的权重抽取样本，当从相同的离散分布重复抽取样本时，只需要 $O(1)$ 时间。从别名表对边进行采样需要常量时间 $O(1)$，而使用负采样进行优化需要 $O(d(K+1))$，其中 K 是负采样的数量。因此，总体而言，每个步骤都需要 $O(dK)$ 时间。在实践中，优化通常与边数 $O(|E|)$ 成正比。因此，LINE 的整体时间复杂度为 $O(dK|E|)$，与边数 $|E|$ 呈线性关系，并且不取决于顶点数 $|V|$。边采样处理在不影响效率的情况下提高了随机梯度下降的有效性。

7.5.4　LANE 标签信息属性网络表示学习方法

LANE 可以在属性网络空间和标签信息空间中对结点相似度进行建模，并将它们联合嵌入统一的低维表示中。图 7-6 是 LANE 的主要框架图。在图中，存在一个具有六个结点的属性网络，其中，每个结点都与特定标签关联。LANE 通过两个模块共同嵌入属性网络和标签信息：属性网络嵌入和标签信息嵌入。首先，将网络结构和属性信息中的结点邻居映射为两个潜在表示 $U^{(G)}$ 和 $U^{(A)}$，然后通过提取其相关性将 $U^{(A)}$ 合并到 $U^{(G)}$ 中。其次，利用学习到的联合

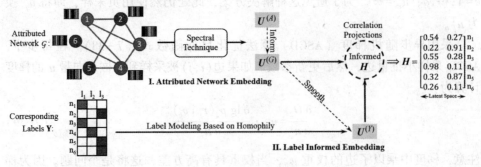

图 7-6　LANE 框架图

相似度来平滑标签信息，并将它们均匀地嵌入另一个潜在表示 $U^{(Y)}$ 中，然后将所有学习到的潜在表示投影到一个统一的嵌入表示 H 中。在这个空间中，结点 1 和 3 表示为相似的矢量（0.54, 0.27）和（0.55, 0.28），因为它们在原始空间中具有相似的属性。为了有效地逼近最佳表示，还设计了一种有效的迭代优化算法。

1. 属性网络嵌入建模

本节的目标是将网络 G 映射到 $n \times d$ 低维空间去，并保持网络的结构和属性信息。对于网络结构建模，如果两个结点在原始网络中具有高相似度，那么其在学习后的表示空间中也具有高相似度。设 s_{ij} 表示结点 i 和 j 的相似性，u_i 和 u_j 分别表示结点 i 和 j 在表示空间中的向量，可以用下式表示原始网络与潜在空间表示之间的不一致程度：

$$\min_{U^{(G)}} \frac{1}{2} \sum_{i,j=1}^{n} s_{ij} \left\| \frac{u_i}{\sqrt{d_i}} - \frac{u_j}{\sqrt{d_j}} \right\|_2^2 \tag{7-40}$$

设 S 表示网络中结点对的相似性矩阵，则公式（7-40）可以转化为最大化问题，如下式所示：

$$\max_{U^{(G)}} \mathcal{J}_G = \mathrm{Tr}(U^{(G)\mathrm{T}} \mathcal{L}^{(G)} U^{(G)}) \tag{7-41}$$
$$\text{s. t. } U^{(G)\mathrm{T}} U^{(G)} = I$$

拉普拉斯 $\mathcal{L}^{(G)} = D^{(G)-1/2} S^{(G)} D^{(G)-1/2}$，度矩阵 $D^{(G)}$ 是对角矩阵。类似于网络结构建模，采用下式表示结点属性嵌入的目标函数：

$$\max_{U^{(G)}} \mathcal{J}_A = \mathrm{Tr}(U^{(A)\mathrm{T}} \mathcal{L}^{(A)} U^{(A)}) \tag{7-42}$$
$$\text{s. t. } U^{(A)\mathrm{T}} U^{(A)} = I$$

为了融合 $U^{(G)}$ 与 $U^{(A)}$，将 $U^{(A)}$ 投影到 $U^{(G)}$ 空间中，并利用映射矩阵的方差衡量其关联性：

$$\rho_1 = \mathrm{Tr}(U^{(A)\mathrm{T}} U^{(G)} U^{(G)\mathrm{T}} U^{(A)}) \tag{7-43}$$

通过同时最大化 $\mathcal{J}_A$、$\mathcal{J}_G$ 和其关联性，能够使得 $U^{(A)}$ 和 $U^{(G)}$ 互补。

2. 标签信息嵌入建模

标签信息在网络中起着至关重要的作用，这些标签信息与网络结构和结点属性具有很强的内在关联。除了这些强相关性外，还可以将标签信息合并属性网络嵌入模块中。但是，标签通常具有噪声且不完整。提出了一种建模标签的方法，并通过两个步骤来加强嵌入表示学习：标签信息建模和相关性投影。

（1）标签信息建模

将标签中的结点相似度映射为潜在表示 $U^{(Y)}$。基本思想是将学习到的属性网络相似度用于平滑标签信息建模。当结点具有相同的标签时，它们的几何结构、属性和最终向量表示趋于相似。具体来说，将具有相同标签的结点包含在同一组中，并将相应的表示形式表示为 YY^{T}。基于此，建模标签相似度。令 $S^{(YY)}$ 为 YY^{T} 的余弦相似度。类似于 $S^{(G)}$ 和 $S^{(A)}$，矩阵 $S^{(YY)}$ 可被视为标签信息的近似矩阵。通过 $\mathcal{L}^{(Y)}=D^{(Y)-1/2}S^{(YY)}D^{(Y)-1/2}$ 计算拉普拉斯算子，其中 $D^{(Y)}$ 是 $S^{(YY)}$ 的度矩阵。

然而，由于特殊结构，矩阵 $S^{(YY)}$ 的秩受到标签类别数量 k 的限制，标签类别数量 k 可能小于嵌入维度 d。这导致 $\mathcal{L}^{(Y)}$ 的特征分解性能不理想。为了解决这个问题，利用学习的相似度 $U^{(G)}U^{(G)\mathrm{T}}$ 来平滑建模，并利用以下目标函数来限制具有相同标签的结点具有相似的向量表示：

$$\max_{U^{(Y)}} \mathcal{J}_Y = \mathrm{Tr}(U^{(Y)\mathrm{T}}(\mathcal{L}^{(Y)}+U^{(G)}U^{(G)\mathrm{T}})U^{(Y)}) \tag{7-44}$$

$$\mathrm{s.\,t.}\ \ U^{(Y)\mathrm{T}}U^{(Y)}=I$$

存在如下优势：首先 H 矩阵 $U^{(G)}U^{(G)\mathrm{T}}$ 是低维空间且大幅度降低噪声；其次联合具有丰富的信息且与基于标签的结点相似性一致，第二项 $\mathrm{Tr}(U^{(Y)\mathrm{T}}U^{(G)}U^{(G)\mathrm{T}}U^{(Y)})$ 衡量了 $U^{(G)}$ 与 $U^{(Y)}$ 之间的关联性；最后，潜在向量 $U^{(Y)}$ 中的噪声被大幅度降低，原始标签空间中的大部分信息被保留。

（2）相关性投影

获得属性网络和标签的潜在表示空间 $U^{(A)}$，$U^{(G)}$ 和 $U^{(Y)}$ 后，设计相关性投影来将这些潜在表示空间投影到统一嵌入表示空间 H。由于所有潜在表示都受到相应的拉普拉斯算子的约束，因此将它们全部投影到新的空间 H 中。为了将信息保留在 $U^{(G)}$ 中，利用投影矩阵的方差作为其相关性的度量，定义为：

$$\rho_2 = \mathrm{Tr}(U^{(G)\mathrm{T}}HH^{\mathrm{T}}U^{(G)}) \tag{7-45}$$

类似的，将 $U^{(A)}$ 和 $U^{(G)}$ 投影到 H 空间，使用如下公式度量其相关性：

$$\rho_3 = \mathrm{Tr}(U^{(A)\mathrm{T}}HH^{\mathrm{T}}U^{(A)}) \tag{7-46}$$

$$\rho_4 = \mathrm{Tr}(U^{(Y)\mathrm{T}}HH^{\mathrm{T}}U^{(Y)}) \tag{7-47}$$

三个映射的损失函数定义为：

$$\max_{U^{(\cdot)},H} \mathcal{J}_{\mathrm{corr}} = \rho_2+\rho_3+\rho_4 \tag{7-48}$$

其中 $U^{(\cdot)}$ 表示三个潜在表示。通过同时最大化 ρ_2,ρ_3,ρ_4，能够学到 $U^{(A)}$，$U^{(Y)}$，$U^{(G)}$ 和 H 空间的关联性。

3. 联合表示学习

对属性网络嵌入和标签信息嵌入分别形式化后，利用两个参数对其进行加权并联合，公式如下：

$$\max_{U(\cdot),H} \mathcal{J} = (\mathcal{J}_G + \alpha_1 \mathcal{J}_A + \alpha_1 \rho_1) + \alpha_2 \mathcal{J}_Y + \mathcal{J}_{corr}$$

$$\text{s. t.} \quad U^{(Y)\,\mathrm{T}} U^{(Y)} = I \quad U^{(A)\,\mathrm{T}} U^{(A)} = I \tag{7-49}$$

$$U^{(G)\,\mathrm{T}} U^{(G)} = I \quad H^{\mathrm{T}} H = I$$

其中，α_1 为正参数，用来平衡属性网络嵌入模块中的属性的贡献。α_2 为正参数，用来折中属性网络嵌入和标签信息嵌入的比重。通过优化 $\mathcal{J}$，可以使得嵌入表示学习和相关性映射高度相关并互相交织关联。因此，H 能够捕获标签属性网络中所有的结构相似性。

4. 优化算法

公式（7-49）中有 4 个矩阵变量，并存在解析解。本节采用迭代式算法逼近最优状态。关键思想是固定其他变量举证，然后更新一个矩阵变量为局部最优解。对于一个矩阵变量的最优化问题变为凸优化问题。$\mathcal{J}$ 对于 $U^{(G)}$ 的二阶偏导为：

$$\nabla^2_{U^{(G)}} \mathcal{J} = \boldsymbol{\mathcal{L}}^{(G)} + \alpha_1 U^{(A)\,\mathrm{T}} U^{(A)} + \alpha_2 U^{(Y)\,\mathrm{T}} U^{(Y)} + H^{\mathrm{T}} H \tag{7-50}$$

其中，$\boldsymbol{\mathcal{L}}^{(G)}$ 是对称相似度矩阵。因为 α_1 和 α_2 是正参数，同时 $U^{(Y)\,\mathrm{T}} U^{(Y)}$，$U^{(A)\,\mathrm{T}} U^{(A)}$ 和 $H^{\mathrm{T}} H$ 都是 H 矩阵，二阶偏导为半正定矩阵。当 $U^{(A)}$，$U^{(Y)}$ 和 H 固定，通过拉格朗日乘子法可以获得 $U^{(G)}$ 的最优解。设 $\lambda_i (i=1,\cdots,4)$ 表示四个变量的拉格朗日的乘子。通过设置拉格朗日梯度 $\nabla_{U^{(G)}} \mathcal{L}$ 为 0，公式如下：

$$(\boldsymbol{\mathcal{L}}^{(G)} + \alpha_1 U^{(A)} U^{(A)\,\mathrm{T}} + \alpha_2 U^{(Y)} U^{(Y)\,\mathrm{T}} + H H^{\mathrm{T}}) U^{(G)} = \lambda_1 U^{(G)} \tag{7-51}$$

其解为对应的前 d 特征向量。同理，对于 $U^{(A)}$，$U^{(Y)}$ 和 H，用如下公式计算其前 d 特征向量。

$$(\alpha_1 \boldsymbol{\mathcal{L}}^{(G)} + \alpha_1 U^{(G)} U^{(G)\,\mathrm{T}} + H H^{\mathrm{T}}) U^{(A)} = \lambda_2 U^{(A)} \tag{7-52}$$

$$(\alpha_2 \boldsymbol{\mathcal{L}}^{(YY)} + \alpha_2 U^{(G)} U^{(G)\,\mathrm{T}} + H H^{\mathrm{T}}) U^{(Y)} = \lambda_3 U^{(Y)} \tag{7-53}$$

$$(U^{(G)} U^{(G)\,\mathrm{T}} + U^{(A)} U^{(A)\,\mathrm{T}} + U^{(Y)} U^{(Y)\,\mathrm{T}}) H = \lambda_4 H \tag{7-54}$$

迭代式优化算法如算法 7-6 所示。因为每个更新步都是解决凸优化问题，所以能保证收敛于局部最优解。

算法 7-6　LANE 算法

输入：$d, \epsilon, \mathcal{G}, Y$

输出：H

1. 构建相似度矩阵 $S^{(G)}$ 和 $S^{(A)}$

2. 计算拉普拉斯矩阵 $\mathcal{L}^{(G)}, \mathcal{L}^{(A)}, \mathcal{L}^{(Y)}$；

3. 初始化 $t=1, U^{(A)}=0, U^{(Y)}=0, H=0$

4. repeat

5. 　根据式（7-50）更新 $U^{(G)}$

6. 　根据式(7-51)更新 U$^{(A)}$

7. 　根据式(7-52)更新 U$^{(Y)}$

8. 　根据式(7-53)更新 H

9. 　t=t+1

10. until $\mathcal{J}_t - \mathcal{J}_{t-1} \leq \varepsilon$

11. return H

5. 复杂度分析

LANE 需要少量迭代才能收敛。在每次迭代过程中，LANE 进行四次特征分解。计算 $n \times n$ 矩阵的前 d 特征向量，最坏情况下，时间复杂度为 $O(dn^2)$。设 T_a 表示获取所有相似性矩阵的操作的次数，则总的时间复杂度为 $O(T_a d + n^2)$，与谱聚类的时间复杂度相同。因为 $d \ll n$，所以 LANE 的时间复杂度为 $O(nN + n^2)$，其中 N 表示矩阵 G 和 A 中的非零元素的个数。空间复杂度为 $O(n^2)$。

本章参考文献

[1] STAUDT C L, SAZONOVS A, MEYERHENKE H. Networkit：a tool suite for large-scale network analysis [J]. Network Science, 2016, 4：508-530.

[2] CUI P, WANG X, PEI J, et al. A survey on network embedding [J]. IEEE Transactions on Knowledge and Data Engineering, 2018, 31（5）：833-852.

[3] PEROZZI B, AL-RFOU R, SKIENA S. Deepwalk：online learning of social representations [C]//Proceedings of the 20th ACM SIGKDD international conference on Knowledge discovery and data mining. August 24-27, 2014, New York, NY, USA. New York：ACM Press, 2014：701-710.

[4] WANG X, CUI P, WANG J, et al. Community preserving network embedding [C]// Proceedings of the Thirty-First AAAI Conference on Artificial Intelligence. February 4-9, 2017, San Francisco, California, USA. Menlo Park：AAAI Press, 2017：203-209.

[5] HERMAN I, MELANÇON G, MARSHALL M S. Graph visualization and navigation in information visualization：A survey [J]. IEEE Transactions on visualization and computer graphics, 2000, 6（1）：24-43.

[6] WANG D, CUI P, ZHU W. Structural deep network embedding [C]//Proceedings of the 22nd ACM SIGKDD international conference on Knowledge discovery and data mining. August 13-17, 2016, San Francisco, CA, USA. New York：ACM Press, 2016：1225-1234.

[7] OU M, CUI P, PEI J, et al. Asymmetric transitivity preserving graph embedding [C]//Proceedings of the 22nd ACM SIGKDD international conference on Knowledge discovery and data mining. August 13-17, 2016, San Francisco, CA, USA. New York：ACM Press, 2016：1105-1114.

[8] MIKOLOV T, SUTSKEVER I, CHEN K, et al. Distributed representations of words and phrases and their compositionality [C]//Advances in Neural Information Processing Systems 26: 27th Annual Conference on Neural Information Processing Systems 2013. December 5-8, 2013, Lake Tahoe, Nevada, United States. 2013: 3111-3119.

[9] PEROZZI B, AL-RFOU R, SKIENA S. Deepwalk: online learning of social representations [C]//Proceedings of the 20th ACM SIGKDD international conference on Knowledge discovery and data mining. August 24-27, 2014, New York, NY, USA. New York: ACM Press, 2014: 701-710.

[10] GROVER A, LESKOVEC J. Node2vec: scalable feature learning for networks [C]//Proceedings of the 22nd ACM SIGKDD international conference on Knowledge discovery and data mining. August 13-17, 2016, San Francisco, CA, USA. New York: ACM Press, 2016: 855 -864.

[11] CAO S, LU W, XU Q. Deep neural networks for learning graph representations [C]//Proceedings of the Thirtieth AAAI Conference on Artificial Intelligence, February 12-17, 2016, Phoenix, Arizona, USA. Menlo Park: AAAI Press. 2016: 1145-1152.

[12] WANG S, TANG J, AGGARWAL C, et al. Signed network embedding in social media [C]// Proceedings of the 2017 SIAM international conference on data mining. April 27-29, 2017, Houston, Texas, USA. Philadelphia: SIAM Press, 2017: 327-335.

第 8 章　大规模网络社区发现方法

8.1　概述

不论是传统学科还是新兴学科都离不开对网络的研究，社区发现在其中占据非常重要的一席之地。社区是指在同一网络中，对于一个特定的集合内结点之间的连接比较紧密，但是集合与集合之间的连接比较稀疏，同一社区中的结点或有共同的性质或在网络中扮演着相同的角色。

计算机技术的迅猛发展使得虚拟网络中的社区发现成为一个研究热点。按照网络拓扑结构是否随时间变化，可以将社区发现划分为静态社区发现和动态社区发现。现已提出很多静态社区发现算法，它们往往基于优化某一目标函数，例如模块度[1]，最后输出整个网络中结点的社区划分。然而静态社区发现忽略了不同时间点网络的变化情况，只考虑了一段时间内网络的叠加形成的网络快照，无法检测网络社区结构的演化过程。因此，在复杂网络的研究过程中，动态社区发现逐渐被重视起来，而且动态社区是分析研究网络演化的研究点之一，在灾害预警、动物迁徙、人员流失等应用中具有重要的价值[2]。

社区结构发现在复杂网络研究中是一个重要的研究课题。通俗地说，网络中的社区结构具有社区内结点连接紧密、社区间结点连接稀疏的特点。社区结构的研究对网络研究提供了一种基于中尺度角度的研究手段。目前，已有不少社区发现方法，其中不乏在静态网络中显示出良好性能的社区发现算法。然而，这些算法由于忽略了网络在不同时间段的变化，在动态网络中未能准确发现社区结构。随着研究的深入，能够获取动态网络变化的动态社区发现已成为网络分析任务中的重要研究课题。动态社区发现算法能够在动态网络的每个时间片确定社区结构，并关注社区的演化过程。

目前，许多动态社区发现算法采用最大化模块度发现动态网络中的模块结构。然而，具有相同模块度的网络划分对应的网络连接紧密程度却不一定相同，这就使得模块度无法很好地衡量社区结构的质量。此外，模块度存在"分辨率限制"问题，即大部分基于模块度的算法均倾向于发现规模较大的社区，而缺少对小社区或异常点的发现。而这些小社区或异常点在网络拓扑结构中，往往依附在较大的社区周围，它们形成了社区之间的边界区域，是影响社区发现质量的关键区域。因此模块度分辨率的这一限制会直接影响动态社区的发现质量。Chakraborty 等[3] 提出的持久力（permanence）和模块度相似，能够衡量社区质量的好坏。对于定义社区来说，持久力相较于模块度考虑的因素更多，此外，持久力的度量不仅考虑结点在社区内部的连接密度，同时也考虑其与邻居社区的最大外部连接边数，将其应用于静态社区发现时已经能产生很好的效果。持久力对于大规模网络中小社区的发现不会像模块度一样分辨率受限制，其对于网络结构的改变也非常敏感。持久力能够定量地衡量社区质量的好坏。其核心思想是一个社区的成员结点的归属强度取决于两个因素：①结点和它邻居社区的外部连边分布；②成员结点和它所归属的社区内部连接强度。持久力可以准确地发现网络中的社区结构。然而持久力指标的计算非常烦琐，具有较高的时间复杂度。Agarwa 等人[4] 提出一种基于持久力的动态社区发现算法 DyPerm，该算法效率低下，难以应用于大规模网络。Prat-Pérez[5] 等人提出一种基于三角形的指标，即 WCC（weighted clustering coefficient）。WCC 不仅考虑邻接三角形的数量，还考虑其分布情况，能很好地刻画社区质量。WCC 的局限在于具有很高的计算复杂性，其计算需要较多的与结点和社区相关的信息，不适用于大规模网络。因此，基于 WCC 的社区发现算法[6][7] 都倾向于计算 WCC 的近似值，而非真实值，这给网络中社区结构的划分带来了一定的误差。

　　随着计算机技术的广泛应用，以 Facebook、Twitter、微博等为代表的大型社交网络快速发展，产生了海量网络结构数据。在大规模网络中，社区发现问题也变得更加复杂。传统的社区发现算法效率低下，难以在有效时间内取得令人满意的结果。为了提高计算速度并降低时间成本，并行计算被广泛采用。在处理大规模网络方面，Spark 具有良好的表现，而 GraphX 则是 Spark 中用于图和图并行计算的库。在当前分布式环境越来越明显的情况下，MapReduce 和 Spark[8] 的使用更加广泛，Hadoop 已经被用来可靠、高效地处理大数据，通过 Map（映射）和 Reduce（归约）可以大量减少算法运行时间，但是 MapReduce 对数据的处理是分步的，其 I/O 操作在数据量不大的情况下占据了不少运行时间，这时 Spark 这种基于内存的计算方式就有很大的优势，它会在内存中以接近"实时"的时间完成所有数据分析，能弥补 MapReduce 的缺点，其迭代能力更强，更适合社区发现中的图计算。GraphX[9] 更是专门设计用于图和图并行计算的 API，借助它可以方便且高效地完成图计算的一整套流水作业。目前的并行社区发现算法[10][11] 大部分都是静态的，动态社区发现算法也大多是单机实现的，将并行和动态结合起来，不仅能解决静态社区发现不能处理的网络变化问题，也能在速度上得到很大提升，最终得到更广泛的应用。将持久力公式直接用于这里的并行动态社区发现算法会带来一些问题，主要是关于结点内部聚集系数的计算，因此本书对结点持久力计算公式进行了修正。事实上，GraphX 当前的版本没有提供图的修改操作，而动态网络是随着时间片改变的，本书为解决这个问题，将任何一个时间片中出现过的结点和结点之间的连边都存储在网络图中，通过网络中结点和连边在每个时间片设置的标志位，表示在相应的时间片中网络的哪些结点和连边是存在的。

8.2　基于 Spark 的并行增量动态社区发现方法

本书将持久力度量运用在动态社区发现中，相邻时间片之间采用增量聚类计算方法[12]，首先对第一个时刻的网络进行聚类，得到初始时刻网络的社区分配；然后在其他时刻的网络进行社区划分时，依据前一时刻网络社区结构，结合网络的增量变化部分，调整部分结点的社区归属，使得网络变化满足短时平滑性，并得到符合该时刻网络结构的社区分配，从而利用已知的社区划分结果，避免对全部结点进行计算，有效降低了算法的复杂度，保证算法有很好的可扩展性。

8.2.1　基本概念和定义

动态网络由一系列网络快照 $<g_1,g_2,\cdots,g_t,\cdots>$ 组成，其中 g_t 表示 t 时刻的结点和连边组成的网络。对于每个时刻（时间片），动态社区发现算法都会计算得到当前网络的社区划分 $\{s_1,s_2,s_3,\cdots\}$，其中每个元素都表示一个社区的结点集合，即对于任意的结点 i 和 j，$s_i \cap s_j = \varnothing$。本书采用键值对 Map（vertex, community）的数据结构存储每个时刻的结点及所属社区，各个时刻的 Map 组成整个网络改变过程中每个时间片的社区结构集合。

1. 持久力

持久力[3] 衡量了网络中结点对于所属社区的依存度。结点 v 的持久力计算公式为：

$$\text{Perm}(v) = \frac{I(v)}{E_{\max}(v)} \times \frac{1}{D(v)} - \left[1 - c_{\text{in}}(v)\right] \tag{8-1}$$

其中：$I(v)$ 表示结点 v 在其所属社区内部的连边数，$E_{\max}(v)$ 表示 v 与其相邻的社区的最大连接数，$D(v)$ 表示 v 的度值。如果结点 v 没有外部连接边，那么 $E_{\max}(v)$ 被置为 1。$c_{\text{in}}(v)$ 表示 v 的内部聚类系数，该值越大，结点 v 在其所属社区内的邻居结点的连接紧密程度就越高。为了计算该值，假设每个社区至少有 3 个结点和 3 条内部连边；否则，$c_{\text{in}}(v)$ 被置为 0。

2. 邻居社区信息

基于 GraphX 并行图计算库，为计算持久力，每个结点需要先获取其邻居社区信息，这里将其定义为（neigCommunity,（vertexNum, triangleNum））的形式。对于一个结点，其每个邻居社区对应着这样一组数据，neigCommunity 是社区标号，vertexNum 是结点在该社区的邻居结点数目，triangleNum 是结点在该社区的邻居结点之间的连边数。

3. 增量结点

定义 8-1　结点 $v_t^+ = \{v \mid v \in V_t/V_{t-1}\}$ 表示 t 时刻网络中新增的结点；$v_t^- = \{v \mid v \in V_{t-1}/V_t\}$ 表示 $t-1$ 时刻网络中存在而 t 时刻网络中不存在的结点。

定义 8-2　连边 $e_t^+ = \{e \mid e \in E_t/E_{t-1}\}$ 表示 t 时刻网络中新增的连边；$e_t^- = \{e \mid e \in E_{t-1}/E_t\}$ 表示 $t-1$ 时刻网络中存在而 t 时刻消失的边。

定义 8-1 和定义 8-2 描述了动态网络在每个时刻网络变化的所有可能情况：增加/删除结点，增加/删除边。

定义 8-3　增量结点即是出现上述情况时可能改变其社区归属的结点，具体定义如下。

① 若结点 $v \in v_t^+$，则 v 属于增量结点集合。

② 若结点 $v \in v_t^-$，则 v 所在社区的所有结点都属于增量结点集合。

③ 若连边 $e \in e_t^+$，则有两种情况：如果 e 有一个端结点属于 v_t^+，那么另一个端结点加入增量结点集合，否则如果 e 的两个端结点不在同一社区内，那么两个端结点都加入增量结点集合。

④ 若连边 $e \in e_t^-$，同时 e 的两个端结点在同一社区内，则整个社区的结点都属于增量结点集合。

4. 社区发现结果评价指标 NMI

定义 N 为混合矩阵（confusion matrix），其元素 N_{ij} 表示真实社区 i 中的结点出现在算法发现时社区 j 中的结点数量。给定真实社区结构数目 C_A 和算法发现社区数目 C_B，则两个社区划分之间的相似性度量 NMI（normalized mutual information）[13] 的公式为：

$$\mathrm{NMI}(A,B) = \frac{-2 \sum_{i=1}^{C_A} \sum_{j=1}^{C_B} N_{ij} \lg \frac{N_{ij}N}{N_{i.}N_{.j}}}{\sum_{i=1}^{C_A} N_{i.} \lg \frac{N_{i.}}{N} + \sum_{i=1}^{C_B} N_{.j} \lg \frac{N_{.j}}{N}}, 0 \leqslant \mathrm{NMI} \leqslant 1 \tag{8-2}$$

其中：两个社区结构越相似，它们的 NMI 值越接近于 1。

8.2.2　基于 Spark 的并行增量动态社区发现算法描述

1. 并行图计算库 Spark GraphX

本书的所有并行化算法都基于 Spark GraphX 并行图计算库设计实现，GraphX 库的图迭代计算过程可以抽象为 3 个部分：

① 消息发送，网络中的连边按照特定的连边方向往顶点发送消息；

② 消息合并，顶点在接收到邻居顶点发送来的消息时，将它们合并为单一的消息或单一的集合；

③ 顶点处理程序，图中的每个顶点在合并消息后，顶点处理程序会根据接收到的消息计算，更新各个顶点的属性。GraphX 正是以这样的抽象方式使得大规模网络能够实现分布式计算。

2. PIDCDS

（1）结点持久力计算公式修正

Chakraborty 等[3]提出了一个启发式的获得全局最大持久力的 Max_Permanence 静态社区发现算法。该算法为计算整个网络中结点的持久力会迭代多次，直至算法收敛或者达到最大迭代次数，而在每轮的迭代中，每个结点计算其当前持久力及邻居结点的持久力之和，然后使结点的社区归属分别设置为其邻居社区标号，再计算新的结点持久力及邻居结点持久力之和，如果新的计算结果更优，则更改该结点的社区归属；否则，重置为原始的社区标号。

但是，本书基于 Spark 对每个结点进行并行持久力计算时会遇到一个问题，就是关于公式中内部聚集系数的计算。在 GraphX 中设计实现时，各个结点首先应该收集其自身及邻居结点的邻居社区信息，然后依据这些信息进行顶点计算，更新其社区归属。在这个过程中，当结点的社区归属被设置为其邻居社区标号时，结点之前所属社区及当前所属社区中的邻居结点的内部聚集系数都将因为该结点的移出或移入发生改变，而这一变化无法通过已经收集到的信息得出，原因是内部聚集系数的改变与邻居结点和该结点的共同邻居数有关，这一信息的存储和收集比较麻烦，如果强行收集该信息，那么每个结点上存储的信息可能就包括其各个邻居结点的具体信息，而非处理好的邻居社区信息，这样就相当于又把整个图存储了多遍，对于大数据计算尤其不可取。所以本书在保证一定正确性的前提下对持久力计算公式进行了修正，修正后的公式为：

$$\text{newPerm}(v) = \frac{I(v)}{E_{\max}(v)} \times \frac{1}{D(v)} - \left[1 - \frac{T_{\text{in}}(v)}{T_{\max}(v)} \right] \tag{8-3}$$

其中公式的前半部分没有改变，只是将内部聚集系数计算公式的分母替换成了结点所属社区中除该结点以外其他结点之间的最大连边数，也即是在边尽可能多的情况下，社区内最多能通过该结点的三角形个数 $T_{\max}(v)$，分子部分 $T_{\text{in}}(v)$ 仍然是邻居结点之间的连边数，即社区内实际通过该结点的三角形个数。事实上，替换后的部分也是一种社区内结点连接紧密程度的度量。实验证明修正后的公式在 Max_Permanence 算法中同样有效，而且在 GraphX 框架之上顶点的持久力计算上更加方便。

（2）最大持久力计算算法

最大化图中各个结点的持久力之和是发现社区结构的关键步骤，对于动态网络的每个时间片都是必需的。本书参考 Max_Permanence 算法的实现思想，修正结点持久力计算公式，按增量结点计算最大持久力，从而得到各个时间片网络的社区划分。现有的 GraphX 库中支持迭代计算的接口 Pregel 已经满足不了这里的需求。因为这里需要在每次迭代的过程中更新整个网络中结点的社区归属，并返回一个新的结点带有社区归属的网络。所以，本书设计了一个新的 myPregel 迭代函数，伪代码如下。

算法 8-1　最大持久力计算 myPregel

输入：图 graph、邻居社区信息获取函数 information、最大迭代次数 maxIterations、顶点计算函数 vprog、消息发送函数 sendMsg 以及消息合并函数 mergerMsg。

输出：更新后的结点包含社区标号的图。

(1) var info=information(graph);　　　　　　/＊各个结点获取其邻居社区信息＊/

(2) var g=graph. outerJoin(info. vertices);

(3) var msg=g. aggregate(sendMsg,mergeMsg);　　/＊发送、合并邻居社区信息＊/

(4) var activeMsg= msg. count();

(5) var i=0;

(6) var oldSum=Int. MinValue;

(7) var sum=oldSum+1;　　　　　　　　/＊结点持久力之和＊/

(8) while(activeMsg>0 and i<maxIterations and sum>oldSum)

(9) 　　oldSum=sum;

(10) 　　val v = g. vertices. innerJoin (msg)(vprog);　/＊顶点计算,更新结点的社区归属＊/

(11) 　　g=g. outerJoin(v);

(12) 　　sum=g. vertices. map. sum();

(13) 　　i+=1;

(14) 　　if(i<maxIterations and sum>oldSum)

(15) 　　　　val c=g. vertices. mapValues. values;

(16) 　　　　val num=c. countByValue();　　/＊统计每个社区的结点个数＊/

(17) 　　　　val newGraph=g. mapVertices;　　/＊更新图结点的所属社区结点数目属性＊/

(18) 　　info=information(newGraph);

(19) 　　g=newGraph. outerJoin(info. vertices);

(20) 　　msg=g. aggregate(sendMsg,mergeMsg);

(21) 　　activeMsg= msg. count();

(22) return g. mapVertices

　　计算最大持久力时只有结点增量标志属性为 true 的结点会完成顶点计算，更新其社区归属。消息发送函数 sendMsg 首先分别判断连边两端的结点是否属于增量结点，如果是，则将另一端结点的邻居社区信息发送给该结点。增量结点将接收到的来自同一社区结点的消息合并，根据这些信息采用修正后的持久力计算公式计算当前结点及其邻居结点的持久力之和，再将该结点的社区归属分别更改为

其邻居社区标号，修改相应信息，计算得到新的持久力之和，最终使得持久力之和最大化。这一过程中各个结点并行完成计算，依据计算结果得到结点带有新社区标号和持久力值的图，如果图中结点持久力之和没有增加或达到最大迭代次数或图中无增量结点，最大持久力计算完毕，得到相应时间片的网络的社区结构划分。

此外，由于 g 是循环迭代的，为避免弹性分布式数据集（resilient distributed datasets，RDD）链太长产生重复计算，这里对 g 进行 cache 操作，而且定义了 prevG 来保存每次循环中上一次的 g，在对 g 进行操作后，循环结束前将 preG 释放，既减少了计算量，又减少了 RDD 的存储空间。

（3）动态社区发现 PIDCDS

Spark 平台的 GraphX 目前的版本没有提供图的修改操作，比如，图结点的增加/减少、连边的增加/减少，所以本书实现增量动态社区发现算法的动态网络不能每个时间片增量地改变，而是整个网络动态演化的每个时间片网络拓扑结构的累积，通过网络中结点和连边在每个时间片设置的标志位，标示在相应的时间片中网络的哪些结点和连边是存在的，若某一时间片中结点或者连边存在，则设置这些结点和连边对应时间片的位为真，反之，则为假。通过这样的方式，可以表示每个时间片的动态网络拓扑结构的快照。整个并行增量动态社区发现算法的伪代码如下。

算法 8-2   增量动态社区发现 dynamicCDetection

输入：动态网络拓扑结构累积图 graph、时间片数 steps、最大迭代次数 iterations。
输出：每个时间片网络快照的社区划分。

(1) val res;   /* 存储社区划分结果 */
(2) val subG = graph. sub;   /* 初始时刻网络 */
(3) var g = max_perm(subG, iterations);   /* 通过最大持久力计算探测初始时刻的社区
                                               结构 */
(4) res+= g. map. vertices. zip. collect. key. Map;
(5) var i = 1;   /* 时间片序号 */
(6) def candidateComputeEdgeFunc(ctx);   /* 计算网络中的增量结点相关信息，发送消
                                               息 */
(7) defcandidateSetMergeMsg(a,b);   /* 聚合消息，判断顶点的增量类型 */
(8) while(i<steps)
(9)   val newGraph = graph. join(g. vertices); /* 利用前一时间片的社区划分结果更新动态
                                                    网络拓扑结构累积图 */
(10)   g = newGraph. sub;
(11)   val c = g. vertices. map. Values. values;

```
（12）  val num＝c. countByValue（）；          / * 统计每个社区的结点个数 * /
（13）  val vRdd＝newGraph. aggregateMessages；  / * 计算增量结点相关信息 * /
（14）  val ng＝g. outerJoin（vRdd）. map；       / * 更新当前时间片网络中结点的增量标志
                                               以及所属社区结点数目属性 * /
（15）  g＝myPregel（ng，information，iterations）；  / * 迭代更新增量结点的社区归属 * /
（16）  res+＝g. map. vertices. zip. collect. key. Map；
（17）  i+＝1；
（18）  return res
```

当进行增量动态社区发现时，初始时刻的网络中结点增量标志全部被置为 true，通过 Max_permanence 函数调用 myPregel 接口，迭代更新所有结点的社区归属。对于其他时间片的网络，则根据消息发送函数中相邻 2 个时间片源结点、目的结点和连边的标志位判断得出增量结点相关信息，聚合消息后，得到相应顶点的增量类型，计算出可能改变社区归属的结点集合，增量地计算集合中结点的社区归属。

这里的 g 也是循环迭代的，故采用与 myPregel 中一样的方法来减少计算量和 RDD 存储空间。此外，这里对 newGraph 等也进行了 cache 操作，以优化计算过程。

8.2.3　实验结果与分析

本书的实验环境为 5 台 DellR720 服务器组成的小型集群，CPU 均为 Intel（R）Xeon（R）CPU E5 - 2620 v2。其中 4 台服务器为 slave（从）结点，1 台为 master（主）结点，每台服务器的配置如表 8 - 1 所示。PIDCDS 采用 Scala2. 10. 4 进行开发，集群环境为 Spark1. 5. 1，运行的模式为 Spark On Yarn，其中 Yarn 对应的 Hadoop 版本为 2. 6. 0。

表 8-1　实验所用的服务器配置方案

配 置 参 数	数　　值
处理器	2
硬盘读写速度/（MB · s^{-1}）	199
操作系统	Centos 6. 5
JDK 版本	1. 7. 0
磁盘容量/TB	1
运行内存/GB	64

1. 结点持久力计算公式修正的有效性验证

为了验证结点持久力计算公式修正的有效性，这里将公式修正前后的 Max_Permanence 算法在静态模拟网络数据集上的实验结果进行对比，证明了修正后的公式同样能有效地发现网络中的社区结构。

（1）静态模拟网络数据集

本书选取了 Lancichinetti 等[14] 于 2008 年提出的基准测试网络作为静态模拟网络数据集，它是在 GN（Girvan-Newman）基准网络的基础上引入真实网络的特征，包括网络结点度和社区大小分布的不均匀性。通过设置以下参数即可控制网络的拓扑结构：网络的结点数 N，结点的平均度值 k，最大的结点度值 k_{max}，结点度的幂律分布指数 γ，社区大小的幂律分布指数 β，控制结点在所属社区外与社区内连边数之比的混合参数 μ。除了上述 6 个必填参数外，还有 2 个可选参数：最小社区结点数 s_{min} 和最大社区结点数 s_{max}。

调节参数生成静态网络的同时，对应的标准结点社区划分也会随之产生，便于与算法发现的社区结构进行对比，验证算法结果的准确性。

（2）实验结果比较

实验根据 $\mu \in [0.1, 0.9]$ 产生 9 组不同混合参数的网络数据，其他参数设为相同的值：$N = 2000$、$k = 20$、$k_{max} = 40$、$\gamma = 2$、$\beta = 1$、$s_{min} = 20$、$s_{max} = 60$。

分别计算 9 组网络在公式修正前后的 Max_ Permanence 算法上输出结果的正确性，输出的各个社区划分结果与生成的标准社区划分之间的 NMI 值如表 8-2 所示。可以看出，2 种计算公式的准确性大体上都随着混合参数的增大而减小，这是因为混合参数越大时，网络中的结点更多地与所属社区外的结点相连，网络社区结构相对来说变得不明显，不易探测。而对于同一网络，结点持久力计算公式修正后 Max_Permanence 算法的结果在一定范围内或变得更优或变得略劣，但同样能比较有效地发现网络中的社区结构，尤其当混合参数较小时，结点在所属社区外的连边数较少，更多地与所属社区内的结点相连，网络社区结构相对明显，公式修正的效果更好。

表 8-2　公式修正前后社区划分结果比较

混 合 参 数	公式修正前的 NMI 值	公式修正后的 NMI 值
0.1	0.91	0.88
0.2	0.89	0.95
0.3	0.85	0.97
0.4	0.80	0.94
0.5	0.77	0.90
0.6	0.70	0.65
0.7	0.59	0.51
0.8	0.48	0.46
0.9	0.43	0.44

2. PIDCDS 在人工合成网络数据集上的实验

（1）人工合成动态网络数据集和 FacetNet 算法

这里采用 Li 等[15] 提出的包含社区结构的动态基准网络数据进行实验，其初始时刻的网络即是基准测试网络。该数据生成过程中定义了 4 种网络演化事件，分别为结点产生、结点消失、社区扩张收缩及社区合并分裂。通过向初始时刻静态网络中注入演化事件，并引入演化率控制注入事件后网络的演化速率，产生下一时刻网络数据；通过向不同时刻的网络注入演化事件，即可得到一系列按时间排序的网络快照。因此，生成人工合成动态网络数据时，仍然需要设置 8-2 中的参数，同时设置演化率 α 控制事件的演化速率。

为接下来的所有实验设定的 5 组演化事件依次为社区合并分裂、社区扩张收缩、结点增加、结点减少，以及前面 4 种演化事件同时注入共同作用于动态网络。每组演化事件作用于社区的持续时间片长度取决于 α 倒数的四舍五入值。实验采用的动态网络数据充分考虑了网络的多种可能变化情况，使实验结果更具全面性。

实验中采用 FacetNet 动态社区发现算法[16] 进行对比，该算法基于进化聚类而非增量聚类，通过非负矩阵分解分析社区及其变化过程，不仅使得任一时刻网络的聚类结果尽可能符合当前真实的社区结构，而且与前一时刻网络社区结构尽量保持一致，但是 FacetNet 算法需要输入社区个数，而 PIDCDS 通过最大化持久力自动识别社区个数。

（2）实验结果比较

实验根据 $\alpha \in \{0.2, 0.4, 0.6, 0.8\}$ 生成 4 组不同演化率的动态基准网络数据，混合参数 μ 设为 0.2，其他参数和表 8-1 设置相同的值。将这 4 组数据分别输入 PIDCDS 算法和 FacetNet 算法中，得到的社区划分与真实社区结构的相似性比较结果如图 8-1 所示。

由于动态网络数据合成的演化率取值不同，在依次注入设定的 5 组演化事件后，得到动态网络的时间序列长度也不相同，演化率取值越小，时间序列越长，网络结构改变越平滑。而对于同一网络的各个时间片，若演化事件较多，则该时间片网络变化较大，社区结构的探测可能更难，例如注入第 5 组演化事件的时候，从实验结果可以看出，对于网络结构变化较平滑的情况，PIDCDS 算法能够比较好地探测到各个时间片的社区结构。当网络结构变化较大（演化率取值较大）时，除了 NMI 值略微有所下降外，依然取得了很好的结果。

与 FacetNet 算法相比，整体上看，α 较小时，两种算法发现社区结构的能力相差不大，但是随着 α 的增加，FacetNet 算法的性能衰减比 PIDCDS 算法严重。而且 FacetNet 算法的结果 NMI 值变化非常频繁，说明随着时间片的推移该算法本身就不够稳定。虽然在初始时刻 FacetNet 算法得到的 NMI 值比 PIDCDS 算法得到

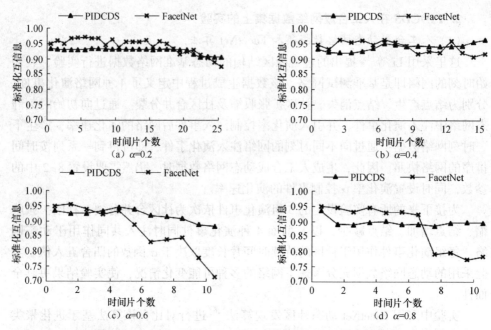

图 8-1　PIDCDS 和 FaceNet 算法在不同数据集上的对比实验

的 NMI 值高，但是随着时间的推移，PIDCDS 算法的社区发现结果 NMI 值变化比较平滑，这与本书选择增量计算有较大的关系。除初始时刻外，每个时间片的社区划分都是在前一时间片结果的基础上修改得到的，过程中只考虑那些可能改变社区归属的结点，其余结点社区标号保持不变，使得算法输出结果更准确，能探测到动态网络中更加真实的社区结构，结果 NMI 值也更稳定。而FacetNet 算法虽然也保持网络结构变化的短时平滑性，但它对任一时刻的网络社区划分都是重新计算而非增量计算，所以其结果 NMI 值变化较频繁，不够稳定。由于该算法在计算当前时刻结果时尽量保证社区结构与前一时刻一致，随着时间片的推移，多次重新计算累积的误差也使得网络社区划分结果更可能偏离真实社区结构，尤其在 α 取值较大、网络变化较剧烈时，当前时刻的社区结构往往与前一时刻相差较大、不会保持一致，重新计算累积的误差可能更大，从而导致严重的性能衰减。

3. PIDCDS 的时间性能及在真实网络数据集上的实验

（1）PIDCDS 的时间性能

实验根据 $N \in [10\,000, 60\,000]$ 产生 6 组不同结点规模的人工合成动态网络数据，以检验随着网络规模的增大算法在运行时间方面的性能。其他参数设置为：$k=30$、$k_{\max}=50$、$\gamma=2$、$\beta=1$、$\mu=0.2$、$\alpha=0.5$，N 取 10 000 时社区结点数 $s_{\min}=30$、$s_{\max}=70$。当结点总数增加时社区大小很可能也会增大，因此之后每增加 1

万个结点，社区结点数最小值和最大值都增加 10，得到的实验结果如图 8-2
所示。

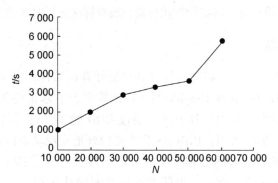

图 8-2　不同规模网络在 PIDCDS 上的运行时间

　　随着网络结点和边的增加，算法运行时间趋于线性增长，由于人工合成动态
网络生成的随机性，可能有些网络社区结构比较明显，不需要太多的迭代计算即
可得到社区划分，例如当 $N=40\,000$ 和 $N=50\,000$ 时，相较于上一组网络数据，
算法运行时间增加的很少。

　　（2）动态真实网络数据集上的实验

　　本节选择了某省 10 个月的通话数据作为动态真实网络数据集进行实验，该
数据集中平均每个月的网络包含大约 54 万个结点和 100 万条连边，网络中的结
点为某一用户，当用户之间通话次数大于阈值时，2 个用户之间有一条连边。通
过这样的处理，以月为单位得到一个 10 个时间片的通话动态网络数据，总结点
数达到 160 多万个，连边数接近 568 万条。

　　该数据在 PIDCDS 上的运行时间大约是 25 858 s，对比图 8-2 的实验可以发
现，通话动态网络数据的计算时间是偏低的，其中一个重要的原因是人工合成的
网络中结点平均度值 k 统一被设置为 30，导致结点数为 1 万时连边数就达到结点
数的 15 倍左右，而这里的真实网络连边数并没有那么多，在邻居社区信息获取、
顶点计算等情况时，每个点需要处理的数据更少，速度也就有所提高。此外，本
书利用这组真实数据对每个执行器核数取值的加速情况进行实验，得到如表 8-3
所示结果。

表 8-3　不同执行器核数在 PIDCDS 上的加速情况

执行器核数	运行时间/s
4	25 858
8	20 354
12	20 044

从实验结果可以看出，在一定程度上增加执行器核数可以使算法运行更快，这里的执行器数量保持 10 不变。但在数据量不变的情况下，执行器核数增加到足够该数据实现最大并行化执行时，继续增加执行器核数对算法运行时间的加速比将减少。

8.2.4　本节小结

本节基于持久力度量，将并行计算和增量计算相结合，提出了一种动态社区发现算法 PIDCDS，在 Spark GraphX 图并行计算平台上修正持久力计算公式、设计每个时间片的最大持久力计算方法、通过 RDD 的多次迭代最终完成整个动态网络的社区检测。实验表明：PIDCDS 算法能较好地完成动态网络中的社区挖掘，而且在网络随时间片推移的过程中，通过增量聚类计算保持了网络的短时平滑性，运行效果比 FacetNet 更好，也能发现更真实的社区划分。同时，PIDCDS 算法在 Spark 上运行时的性能变化不会很剧烈，即随着网络规模的增大，其执行时间增长缓慢，并且通过在真实通话动态网络数据上的实验发现，增大执行器核数会在一定程度上加速算法的执行。

8.3　基于加权聚类系数的并行增量动态社区发现方法

本节提出一种基于 PWCC 的动态社区发现算法。其中，为了准确发现动态网络中的社区结构，PWCC 有两个重要应用。第一，通过 PWCC 值获取网络演化程度，即随着时间片增长，动态网络的变化程度，其核心思想在于通过比较某时刻网络的 PWCC 值与基准 PWCC 值来定量表示动态网络的变化程度。第二，通过最大化网络的 PWCC 值获取网络的社区结构。基于 PWCC 对社区结构和网络变化具有较高的敏感性，本节通过调整结点的社区归属，不断优化网络的 PWCC，从而实现准确发现社区结构的目的。本节结合并行计算和动态社区发现，提出了一种基于 Spark GraphX 的并行动态社区发现算法 (scalable and parallel dynamic community detection, SPDCD)。基于 PWCC，SPDCD 不仅能够准确地发现动态网络中的社区结构，还能有效提高计算速度和可扩展性。

本节的主要贡献如下：

① 针对现有指标的局限性，提出一种基于 WCC 的新社区质量衡量指标 PWCC。该指标在保证网络社区结构准确性的前提下，有效降低了社区发现算法的时间复杂度与计算复杂性；

② 提出一种基于 PWCC 的并行动态社区发现算法 SPDCD。通过并行和增量计算的策略使得 SPDCD 可以应用于大规模动态网络中，同时增量计算的策略使得 SPDCD 保持了相邻时间片网络中的社区具有短时平滑性。SPDCD 通过优化网络 PWCC 局部地调整增量结点的社区归属，从而发现高质量的社区结构；

③ 通过在人工网络和真实网络上的实验，结果显示 SPDCD 算法比 FacetNet 算法、DyPerm 算法和经典社区发现算法具有更高的准确性和稳定性，这说明 SP-DCD 算法可以发现动态网络中高质量的社区结构。在时间性能方面，SPDCD 算法表现优于 PIDCDS 算法[17]。随着网络规模的增加，SPDCD 算法几乎呈现线性的时间增长。

8.3.1　相关工作

社区发现[18]问题一直以来都是网络研究的重要研究内容，受到许多研究学者的广泛关注。社区发现可以从网络的拓扑结构中发现潜在的群体化结构特性，有助于观察和研究整个网络。我们也可以从网络社区结构变化角度理解动态网络的演化过程[19]。

在过去的几十年中，许多经典的方法在动态社区发现[20]方面取得了良好的效果。Palla[21]提出了 CPM 算法，该算法首先在每个时间步发现社区，然后在两个相邻的时间步中进行匹配，从而应用于动态网络。Corne[22]通过优化两个相互冲突的目标，在每个时间片对网络进行聚类。FacetNet[12]基于进化聚类，通过非负矩阵分解发现社区结构并对演化过程进行分析。Nguyen 等人[23]提出一种基于模块化的自适应方法，通过前一次网络快照的一系列变化和社区结构，实现了高效更新网络社区的能力。

近些年来，社区发现算法的研究取得了优异的成果。刘世超等人[24]提出一种基于标签传播概率的重叠社区发现算法，在标签传播的过程中，综合网络的结构特性和结点的属性特征计算标签传播的概率，进而更新传播概率及结点标签。基于三角形内点同一社区性粗化策略的多层社区发现算法[25]，不仅加快了网络的粗化过程，而且保持了初始网络的社区效应，提高了社区发现精度。基于多层结点的结点相似度计算方法[26]，既可以有效计算结点之间的相似度，又可以解决结点相似度相同时的结点合并选择问题。通过结合此方法与团体之间的连接紧密度度量准则可构建社区发现模型。基于动态主题模型融合多维数据的微博社区发现算法，首先将微博网络映射为有向加权网络，利用所提出的动态主题模型（dynamic topic model，DTM）计算结点间连边的权重，然后通过复杂度较低的标签传播算法 WLPA 进行微博网络的社区发现。陈羽中等人[28]基于邻域跟随关系的社区表示模型 Follow-Community，提出一种具有接近线性时间复杂度的邻域跟随算法 NFA，进而扩展得到增量邻域跟随算法 iNFA。通过更新网络演化过程中相关结点的邻域跟随关系，iNFA 可以发现动态社会网络的社区结构及社区演化。

此外，为了解决加权图流中动态社区发现的问题，Wang[29]提出了一种新的结构 LWEP 来处理局部异质性。基于最大化持久力的 DyPerm[4]算法通过调整增量结点的社区归属来最大化网络 permanence 值来获得动态社区结构。同样的思想也应用于在 DABP[30] 中。DC3D 算法[31]专注于解决模块度"分辨率限制"问题，并克服了对动态网络中结点到达顺序的敏感性。Puranik[32]则对动态网络中更新社区结构的时间进行了重要研究。Ozturk[33]通过关注图中的群体而不是个体来扩展遗传算法，并提出了一种遗传算法 MGA，用于社交网络中的社区发现。但这些方法的一个缺点在于缺乏处理大规模网络的能力。

近些年来，随着社交网络规模的日益增长，越来越多的社区发现算法引入并行计算，这对提高算法的时间性能是非常有效的。例如，PAMAE 算法[34]对抽样数据进行全局搜索，对整个数据进行局部搜索，从而以高准确度和高效率发现社区结构。Riedy 等人[35]提出了一种最大加权匹配的并行方法来发现高模块化或低电导率的社区。Staudt[36]通过具有共享内存并行性的灵活且可扩展的社区发现框架解决了计算能力的不足。Zeng[37]基于图结构和并行聚类效果的关系，提出了一种适用于基于模块化算法的启发式分区方法。但是，这些方法专注于静态网络中的社区发现，难以应用于动态网络。

基于现有社区发现算法的局限性，本书提出一种基于 WCC 指标的新社区度量指标，即 PWCC，该指标不仅能保证准确地反映出社区结构的质量，而且比 WCC 的时间与空间复杂性更低。本书提出一种基于 PWCC 的并行动态社区发现算法 SPDCD。SPDCD 算法不但可以在每个时间片网络中通过优化网络的 PWCC 发现具有高质量的社区结构，而且能够以较低的时间开销处理大规模网络。

8.3.2　相关定义

在本节中，为了更好地理解动态社区发现算法 SPDCD，首先回顾相关概念并介绍一些相关定义。

通常，将一个静态网络抽象为 $G=(V,E)$，其中，V 表示网络 G 中的结点集合，而 E 表示网络 G 中的连边集合。从一个连续的大规模网络中抽样并提取不同时刻的网络，得到的动态网络可以表示为 $G=\{G_0,G_1,G_2,\cdots,G_{t-1},G_t,\cdots,G_n\}$，其中 G_t 表示 t 时间片的网络快照，而 G_0 表示此动态网络的初始网络。动态网络 G 的社区结构一般表示为 $C=\{C_0,C_1,C_2,\cdots,C_{t-1},C_t,\cdots,C_n\}$，其中 C_t 表示 t 时间片网络的社区结构，同样 C_0 表示初始网络的社区结构。

定义 8-4　（增量结点）在动态网络中，以 t 时间片网络 G_t 为例，与前一时间片的网络 G_{t-1} 相比，G_t 中一些结点和连边发生了一些变化，具体表现为结点增加、结点消失、连边增加和连边消失四种情况，从而导致 G_t 中一些结点的社区归属发生改变，这些结点称为增量结点。

通过调整增量结点的社区归属可以提高网络中社区结构的质量。WCC 是一种社区质量度量指标，该指标对社区结构的外部连接和内部连接都很敏感。WCC 可以用来衡量结点对社区的依赖程度。其计算公式如下：

$$\text{WCC}(v,C) = \frac{t(v,C)}{t(v,V)} \times \frac{vt(v,V)}{vt(v,V) - vt(v,C) + |C-1|} \tag{8-4}$$

其中 $t(v,C)$ 表示结点 v 与社区 C 中的结点构成邻接三角形的数量，$vt(v,C)$ 表示社区 C 中可与结点 v 构成邻接三角形的结点数量。

当一个结点的社区归属改变时，其原社区与现社区中结点的 $vt(v,C)$ 值也随之改变。这种改变需要重新计算与结点相关的三角形个数获取，很难通过已有信息获取。此外，计算 $vt(v,C)$ 的相关信息的存储和收集是非常烦琐和耗时的，这对于大规模网络的计算尤其不可取。因此，本书在保证与 WCC 保持正相关性的前提下对其进行了修改。

定义 8-5　并行加权聚集系数（parallel weighted clustering coefficient，PWCC）修改后的指标如下所示：

$$\text{PWCC}(v,C) = \frac{t(v,C)}{t(v,V)} \times \frac{D(v)}{D(v) - d_{\text{in}}(v) + |C-1|} \tag{8-5}$$

其中 $D(v)$ 表示网络中结点 v 的度，而 $d_{\text{in}}(v)$ 表示结点 v 在社区 C 中的内度。PWCC(G)，即网络中所有结点的 PWCC 之和，用于表示结点对于社区结构的边界程度。

PWCC 是一种基于三角形的社区质量衡量指标。一般来说，类似的结点倾向于在它们之间建立连边。在社交网络中，人们更有可能与在同一地点工作，具有相似兴趣或具有强烈社交互动的其他人联系。结果是形成这些社区的人们非常相关，并且在这些社区内，许多结点之间的连接构成了三角形。基于此，PWCC 使用三角形来刻画类似网络的社区结构，进而发现该值高的社区。

PWCC 是一种结合了对外部结构隔离和内部连接敏感的社区度量。其左半部分衡量了结点的结构隔离程度，右半部分衡量了结点与社区的结构内部连接程度。PWCC 不仅考虑三角形的数量，而且考虑三角形的分布情况。

PWCC 的主要优势在于其对社区分布和变化的敏感性。PWCC 指标不仅量化了结点保留在当前社区的倾向性，而且还估计了邻居社区对结点的吸引程度。此外，PWCC 对社区质量的衡量不受社区规模大小的影响。

定义 8-6　（网络演化强度）网络演化强度，提供了动态网络中从某个时间片到当前时间片的网络累积变化程度的度量。如果网络变化很大，则会对增量结点的调整产生不利影响。网络演化强度的关键思想在于当前时刻网络中所有结点 PWCC 的和，记为 PWCC(G_t)，并以初始时间片网络的 PWCC(G_0) 为基准。在动态网络中，当某个时间片网络的演化强度超过阈值时，基准值将更改为该网络的 PWCC。

定义 8-7　（持久力）持久力是一种基于结点的指标，不仅衡量了网络中每个结点保留在原有社区中的程度，还对网络中的社区结构进行质量估计。其公式如下：

$$\mathrm{Perm}(v)=\frac{I(v)}{E_{\max}(v)}\times\frac{1}{D(v)}-(1-C_{\mathrm{in}}(v)) \tag{8-6}$$

其中，$I(v)$ 表示结点 v 在其社区中的邻居结点数量，$E_{\max}(v)$ 表示结点 v 的邻居社区中的最大邻居结点数量，$D(v)$ 表示结点 v 的度，$C_{\mathrm{in}}(v)$ 表示结点 v 的内部聚集系数。

基于以上相关定义，本书提出一种并行的增量动态社区发现算法，称为 SP-DCD 算法。

8.3.3　SPDCD 算法

1. SPDCD 算法的定义

SPDCD 算法是一种基于 PWCC 的并行动态社区发现算法，此算法可实现高准确度和高效率发现大规模动态网络中的社区结构。在 SPDCD 算法中，全局搜索和局部调整是保证高准确性的两个主要操作，而并行化可以提高时间性能。SPDCD 算法的主要思想是通过两个阶段分别应用这两个方法：增量结点的并行识别和并行局部调整社区归属。在第一阶段，SPDCD 算法执行并行全局搜索，从而在动态网络的每个时间片中准确识别增量结点。在第二阶段，SPDCD 算法并行地执行局部调整，通过不断优化网络的 PWCC 为增量结点找到其最佳社区归属。

算法 8-3　SPDCD 算法

输入：G // 累积网络结构，

θ // 累积增量阈值，

steps// 时间片；

输出：C// 所有时间片的社区结构

（1）$G_0 \leftarrow$ G. subgraph

（2）$G_0 \leftarrow$ Max_Perm（G_0）

（3）$C_0 \leftarrow G_0$. map

（4）bestPwcc $\leftarrow$ PWCC（G_0）

（5）for（t $\leftarrow$ 1 to steps）

（6）　　$G_t \leftarrow$ G. subgraph

（7）　　pwccG $\leftarrow$ PWCC（G_t）

（8）　　if（（bestPwcc $-$ pwccG）/ bestPwcc $>$θ）

（9）　　　　$G_t \leftarrow$ Max_Perm（G_t）

（10）　　　bestPwcc $\leftarrow$ PWCC（G_t）

（11）　　else

（12）　　　　　　$G_t \leftarrow getIncreVers(G, G_t)$

（13）　　　　　　$G_t \leftarrow Max\_PWCC(G_t)$

（14）　　　　$C_t \leftarrow G_t.\ map$

（15）　　　　end if

（16）end for

（17）return C_t

　　在 SPDCD 算法中，输入包括动态网络 $G = (V, E)$、网络演化强度阈值以及迭代次数。但是，目前的 GraphX 框架既不允许对图的结构进行修改，又不能自动识别动态网络中的增量结点。因此，本书将输入的动态网络设置为所有时间片的累积网络拓扑结构，而不是每个时间片的网络。同时，为所有的结点和边设置一个增量标识。在任何时间片时，通过识别结点和边的标识来获得相应时间片的网络。

　　在 SPDCD 算法中，通过运行 Max_Perm 算法[3]获取初始网络的社区结构，其返回的图 G_0 中的结点属性中包括社区归属信息。根据社区归属信息计算 $PWCC(G_0)$ 并将其作为基准 PWCC 是非常容易的。接着，在其他时间片网络中，将当前时间片网络中的每个新增的结点标记为一个独立的社区，即结点的社区中的结点成员只有其本身。这样，可以很容易地计算出当前时间片网络的 $PWCC(G_t)$。如果演化强度超过设定的阈值，则认为网络结构已经发生较大的累计变化，当前的 PWCC 基准值已经失去了参考意义，此时，需要再次运行 Max_Perm 获取当前的 PWCC 并将其设置为基准。否则，运行 Max_PWCC 算法，通过调整增量结点的社区归属，而不是调整网络中的所有结点的社区归属，来获取社区结构，如此，既提高了获取社区结构的速度，又保持了社区的短时平滑性。

算法 8-4　getIncreVers 算法

输入：G// 累积网络结构，

　　　G_t// 时间片 t 的网络快照；

输出：G_t// 带有增量结点标识的网络快照

（1）def sendIncreMsg(ctx){

（2）　　srcAttr←ctx. srcAttr. _1

（3）　　dstAttr←ctx. dstAttr. _1

（4）　　edgeAttr←ctx. Attr

（5）　　if (srcAttr(t) and ! srcAttr(t-1))

（6）　　　　ctx. sendToSrc("v+")

（7）　　if (dstAttr (t) and ! dstAttr (t-1))

（8）　　　　ctx. sendToDst("v+")

（9）　　if (ctx. srcAttr. _2 == ctx. dstAttr. _2)

```
(10)          if ( ! srcAttr(t) and srcAttr(t−1))
(11)              ctx. sendToDst("v−")
(12)          if ( ! dstAttr (t) and dstAttr (t−1))
(13)              ctx. sendToSrc("v−")
(14)      if (edgeAttr(t) and ! edgeAttr(t−1))
(15)          if (srcAttr(t) and ! srcAttr(t−1))
(16)              ctx. sendToDst("e+")
(17)          else if (dstAttr (t) and ! dstAttr (t−1))
(18)              ctx. sendToSrc("e+")
(19)          else if (ctx. srcAttr. _2! = ctx. dstAttr. _2)
(20)              ctx. sendToDst("e+")
(21)              ctx. sendToSrc("e+")
(22)          else if ( ! edgeAttr(t) and edgeAttr(t−1)
(23)              and ctx) THEN
(24)              srcAttr. _2= = ctx. dstAttr. _2)
(25)              ctx. sendToDst("e−")
(26)              ctx. sendToSrc("e−")
(27) }
(28) def mergeIncreMsg(a,b)
(29) increVers←G. aggregateMessages(sendIncreMsg,mergeIncreMsg)
(30) G_t←G_t. outerJoin(increVers)
(31) RETURN G_t
```

    当迭代次数达到动态网络的时间片个数时，SPDCD 算法结束。G_t 包含 t 时间片网络中的所有结点的社区归属信息，C_t 可通过简单的 map 函数获取每个结点的社区归属信息。算法 8-3 中展示了 SPDCD 算法的具体过程。

算法 8-5   Max_PWCC 算法

输入：G_t //时间片 t 的网络快照，

    getNbrsCommInfo 函数，

    iterations，

    vertexProgram 函数，

    sendMsg 函数，

    mergeMsg 函数

输出：C_t //时间片 t 的社区结构

(1) nbrsCommInfo←getNbrsCommInfo(G_t)

（2）$G_t \leftarrow G_t$. outerJoin（nbrsCommInfo）

（3）msg←Gt. aggregate（sendMsg,mergeMsg）

（4）it←0,pwccOld←0,pwccNew←1

（5）while（it< iterations and pwccNew >pwccOld）

（6）　pwccOld←pwccNew

（7）　g←G_t. vertices. innerJoin（msg）（vertexProgram）

（8）　pwccnew←pwcc（g）

（9）　　if（pwccNew > pwccOld）

（10）　　　$G_t \leftarrow g$

（11）　　　nbrsCommInfo←getNbrsCommInfo（g）

（12）　　　msg←g. aggregate（sendMsg,mergeMsg）

（13）　　end if

（14）end while

（15）　$C_t \leftarrow G_t$. map

（16）return C_t

在 SPDCD 算法中，一个重要的操作就是准确地识别两个相邻时间片网络之间的增量结点。具体过程如算法 8-4 所示，SPDCD 算法通过执行以下规则来识别增量结点。

（1）添加新结点

当一个新的结点 v 被添加到网络中时，它被标记为增量结点。

（2）移除现有结点

当一个现有结点 v 从网络中移除时，具有相同社区归属的相邻结点被标记为增量结点。

（3）增加新连边

当一个新的边 $e=(u,v)$ 被添加到网络中时，如果结点 v 是一个新的结点，v 被认为是一个增量结点。如果结点 u 和 v 属于不同的社区，则它们都是增量结点。

（4）删除现有连边

当现有边 $e=(u,v)$ 从网络中移除时，如果结点 u 和 v 属于同一个社区，则它们都是增量结点。

算法 8-6　vertexProgram 算法

输入:v,cid //结点及其当前社区标签

msg //邻居社区信息

输出:bestcid //最佳的社区归属

```
(1)   cur ← PWCC(v,cid)
(2)   / * the old PWCC of v * /
(3)   oldCId ← PWCC(cid)
(4)   / * the PWCC of old community * /
(5)   Bestcid ← cid
(6)   curComm ← 0
(7)   newComm ← 0
(8)   FOR (nbrsCId in msg)
(9)         oldNbrsCId ← PWCC (nbrsCId)
(10)        move vertex v to community nbrsCId
(11)        new ← PWCC (v,nbrsCId)
(12)        newCId ← PWCC (cid)
(13)        newNbrsCId ← PWCC (nbrsCId)
(14)        curComm ← oldCId+ oldNbrsCId
(15)        newComm ← newCId+ newNbrsCId
(16)        IF( cur < new and curComm < newComm)
(17)        THEN
(18)              cur ← new
(19)              curComm ← newComm
(20)                bestcid ← nbrsCId
(21)        END IF
(22)  END WHILE
(23)  RETURN bestcid
```

通过这些规则，getIncreVers 算法识别了 G_t 中的增量结点，并将增量标识添加到 G_t 的结点属性中。在 SPDCD 算法中，Max_PWCC 算法是发现社区结构的主要步骤。本书提出一种启发式的获取 PWCC 最大值的算法。在最大化 PWCC 过程中，社区归属的调整仅在增量结点上执行。本书重新设计 Pregel 函数来实现并行化中的 Max_PWCC 算法。相关的伪代码在算法 8-5 中示出。

在 Max_PWCC 算法中，通过 getNbrsCommInfo 函数获取每个结点的邻居社区信息。sendMsg 函数将此信息沿连边发送到增量结点，接着，mergeMsg 函数则在增量结点上对信息进行合并、处理。

在每次迭代中，只有增量结点通过 vertexProgram 函数更新其社区归属。一次迭代后，部分增量结点的社区归属被改变，即得到一个新的社区结构。基于此社区结构，如果图的 PWCC 增加，结点信息将根据新社区结构进行更新，包括邻居社区信息等。我们在增量结点上重复该过程，直到 PWCC 值收敛或算法达到最大迭代次数。在 Max_PWCC 算法结束后，返回的图具有最大的 PWCC 值以及网络的最佳社区结构。

在 Max_PWCC 算法中，vertexProgram 作为结点处理函数，主要实现对增量结点调整社区归属并找到其最佳社区归属的过程。在这个算法中，一个增量结点 u 尝试转移至其邻居社区。如果结点 u 在转移后达到更高的 PWCC，并且原始社区和当前社区的 PWCC 的总和也相应增大，则将当前社区作为其社区归属。这样，结点 u 不断更新其社区归属，直到找到最好的一个，也就是 PWCC 值最大的一个。详细过程如算法 8-6 所示。在 vertexProgram 函数中，仅仅对增量结点进行计算以局部调整其社区归属，并且这些结点的计算是并行的。

2. 时间复杂度

在动态网络中，本书设置 n 和 m 表示每个时间片网络的结点数和连边数，同时 d 和 c 分别表示结点的平均度和平均社区大小。在 Max_Perm 算法中，每个结点 v 最多向其邻居社区转移 d 次，这相当于对图中连边的一次遍历，在每次转移过程中，邻居结点更新其 perm 值，其时间开销为 $O(d^2)$。因此，Max_Perm 的时间复杂度为 $O(md^2)$。同样，在 Max_PWCC 的每次迭代中，原始社区和当前社区中的结点更新其 PWCC，时间开销为 $O(c)$。因此，Max_PWCC 的时间复杂度为 $O(m_{ic}c)$，其中 m_{ic} 为增量连边边的数量。

在一个 t 时间片的动态网络中，假设有 t_1 个网络执行 Max_Perm 函数，t_2 个网络执行 Max_PWCC 函数，则时间复杂度为 $O(t_1md^2+t_2m_{ic}c)$。也就是说，SPDCD 算法在最好的情况下实现 $O(md^2+(t-1)m_{ic}c)$ 的时间复杂度，在最坏的情况下实现 $O(tmd^2)$ 的时间复杂度。

8.3.4　实验结果与分析

在本节中，将设计实验来验证 SPDCD 算法具有高准确性和高效率。实验方案如下：①与经典的静态社区发现方法对比；②与基于 WCC 的静态社区发现方法对比；③与动态社区发现方法对比；④与并行的动态社区发现方法对比。最终要验证 SPDCD 能在保持准确性的前提下，提高了动态社区发现方法的效率。

1. 评价指标

在本节中，实验主要包括准确性实验和时间性能实验两大部分。在准确性实验中，针对带有社区标签的人工合成网络采用标准化互信息（normalized mutual information，NMI）[13]来衡量算法的准确性。其计算公式如下：

$$\mathrm{NMI}(A,B) = \frac{-2\sum_{i=1}^{C_A}\sum_{j=1}^{C_B} N_{i,j}\lg\left(\dfrac{N_{i,j}N}{N_{i,\cdot}\,N_{\cdot,j}}\right)}{\sum_{i=1}^{C_A} N_{i,\cdot}\lg\left(\dfrac{N_{i,\cdot}}{N}\right) + \sum_{j=1}^{C_B} N_{\cdot,j}\lg\left(\dfrac{N_{\cdot,j}}{N}\right)} \tag{8-7}$$

针对没有社区标签的真实网络，则采用模块化作为度量来衡量准确性。其计算公式如下：

$$Q = \frac{1}{2m} \sum_{c=1}^{n} \left(2lc - \frac{dc^2}{2m} \right) \tag{8-8}$$

在时间性能实验中，本文选择运行时间作为评估 SPDCD 时间性能的标准。

2. 对比算法

在准确性实验中，本书选择①集成到 NeSVA[38] 中的经典社区发现方法，包括 LPA 和 BGLL；②基于 WCC 的静态社区发现方法 SCD[7]；③动态社区发现方法 FacetNet 算法[10]、DyPerm[4] 作为对比算法进行比较。

LPA 算法是一种经典的静态网络社区发现方法，该方法通过迭代传播结点的社区标签而发现社区。

BGLL 算法是一种经典静态社区发现方法，该方法通过快速优化模块度的方法发现社区。

SCD 算法是一种静态社区发现方法，该方法通过最大化网络的 WCC 来发现社区。

FacetNet 算法是一种经典的动态网络社区发现算法，基于进化聚类，通过非负矩阵分解对发现社区并对及其演化过程进行分析。该算法不仅使得每一时间片网络的社区结构尽量符合当前真实的社区结构，而且与前一时刻尽量保持一致。FacetNet 算法需要输入社区个数。

DyPerm 算法是最近提出的一种基于增量的动态社区发现算法，该算法通过最大化持久力获取网络社区结构，在动态网络中，首先识别增量结点，进而只对增量结点进行局部调整以寻找最佳社区归属。

在时间性能实验中，本书选择 PIDCDS 算法[17] 作为对比算法进行比较。PID-CDS 算法是一种基于 Spark 的并行的动态网络社区发现算法，其对持久力指标进行了修改，主要思想与 DyPerm 算法相似。

3. 数据集

（1）合成网络

为了验证 SPDCD 算法的高准确性和高效率，生成了三组数据集，分别为 Network_2k，Network_10k 和 Network_1m。Network_2k 用于准确性实验，大规模网络 Network_10k 和 Network_1m 则用于测试 SPDCD 的时间性能。每个数据集包含若干动态网络，每个动态网络由一系列网络快照组成。在生成动态网络的同时生成其每个时间片的基准社区结构。

合成网络主要分为以下两步：

首先，基于 Lancichinetti[14] 提出的方法，生成了初始网络与其基准社区结构。生成网络是的的参数如下：结点个数 N 为 $2k$、$10k$、$1m$，平均度 k 为 10，最大度

k_{max} 为 20，度幂律分布指数 γ 为 2，社区规模幂律分布指数 β 为 1，混合参数 μ 为 0.2，社区规模最小值 C_{min} 为 20，社区规模最大值 C_{max} 为 60。

然后，基于 Li[30] 提出的方法生成动态网络。其主要思想在于，在某个时间片，通过将不同的演化事件添加到网络中，可以获得下一个时间片的网络，进而获得一系列网络快照构成动态网络。

演化事件主要包括结点增加、结点消失、社区扩张收缩以及社区合并分裂四种。本书使用的五组演化事件包括这四种以及将这四种演化事件同时作用形成的新演化事件。同时，通过设置网络演化率来控制控制演化速度。

Network_2k 是包括 8 个小规模动态网络，首先，根据上述参数，生成了 Network_2k 的初始网络，其结点数量约为 $2k$，连边数量约为 $20k$。基于此网络，继续生成 8 个不同的动态网络，演化率从 0.1 到 0.8 依次递增。随着时间序列的增长，网络将发生一些变化。需要注意的是，演化率越小，动态网络的时间序列越长，网络结构变化程度越小，社区结构也就越稳定。不同的演化率对应于不同的演化事件。对于同一网络，同一时间片发生的演化事件越多，网络拓扑结构变化也越大，社区结构更不稳定。因此，动态网络的演化率不同，其时间序列长度也不同。

接着，为了生成 Network_10k，通过执行上述方法生成 8 个动态网络，演化率设置为 0.5。每个动态网络中有 11 个网络快照。第一个动态网络中，初始网络的结点数量 N 设置为 $10k$，平均度 k 为 25，最大度 k_{max} 为 35，度幂律分布指数 γ 为 2，社区规模幂律分布指数 β 为 1，混合参数 μ 为 0.2，社区规模最小值 C_{min} 为 30，社区规模最大值 C_{max} 为 70。结点数量每增加 10k，C_{min} 和 C_{max} 也相应地增加 10，同时保持其他参数不变，以这样的方式生成了 8 个动态网络。在 Network_10k 中，动态网络尽管结点数量相对较少，但存在大量的连边，是相对稠密的网络。

然后，将演化率设置为 0.3，继续合成数据集 Network_1m。Network_1m 包含 4 个动态网络，每个动态网络包含 16 个网络快照。本文将 k 和 k_{max} 分别设置为 10 和 12。同时，其他参数保持不变。最终合成的 Network_1m 数据集网络如表 8-4 所示。

表 8-4　Network_1m 网络

动态网络	平均结点数量	平均连边数量
SynNet_1	$200k$	1.05 m
SynNet_2	$500k$	2.60 m
SynNet_3	$1m$	5.12 m
SynNet_4	$2m$	10.00 m

（2）真实世界网络

此外，本书还选择了一个真实通话网络 VAST2008 来证明 SPDCD 的准确性。网络中的结点表示一个用户，当两个用户之间通话数量大于某阈值时，这两个结点之间生成一条连边，并且，无法与其他结点形成三角形的结点被过滤掉。这样得到以月为单位的动态网络，该动态网络由 10 个月的通话数据组成，每个时间片的网络包括约 $200k$ 个结点和 $500k$ 条连边。

4. 实验环境

本节实验环境为由 32 台机器组成的小型集群，其中 1 台机器是主结点，31 台机器是从属结点。每台机器都配备 48G 内存及 12 个内核。Spark 作业以 Spark on YARN 形式运行在 YARN 资源管理平台上。SPDCD 算法以 Scala 语言实现。

（1）准确性实验

为了验证 SPDCD 的准确性，在合成网络 Network_2k 和通话网络上进行实验。Network_2k 包括 8 个具有不同演化率的动态网络，实验过程中，8 个演化强度阈值分别设置为 0.05、0.12、0.14、0.21、0.27、0.28、0.26 和 0.32，实验结果如图 8-3 所示。当将 SPDCD 应用到其他网络时，建议将演化强度设置为演化率的一半。

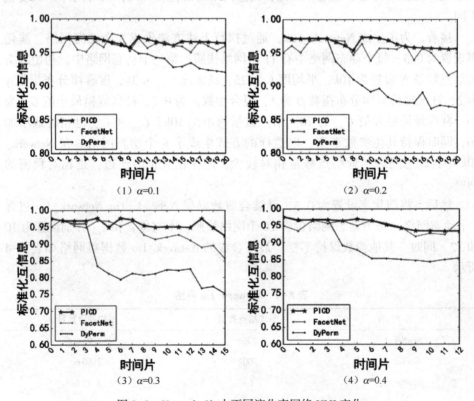

图 8-3　Network_2k 中不同演化率网络 NMI 变化

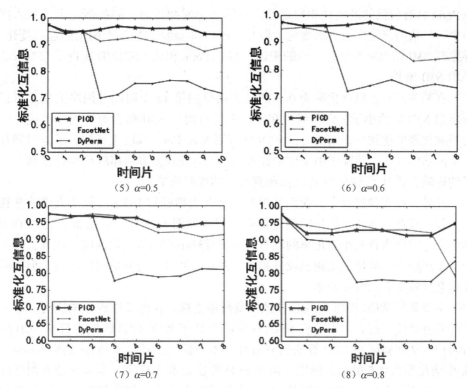

图 8-3 Network_2k 中不同演化率网络 NMI 变化（续）

从实验结果中可以看出，SPDCD 算法在大多数情况下得到更高的 NMI 值，并且其 NMI 变化更加平滑。SPDCD 对演化率较小或较大的网络结构都能够非常好地探测到各个时间片的社区结构。当网络结构变化较大（演化率取值较大）时，与网络结构平滑变化情况相比，除了 NMI 取值略微有所下降外，依然取得很好的结果。从图中可知，SPDCD 算法的准确性优于 FacetNet 和 DyPerm 算法。

从准确度和稳定性两个方面，首先比较了 SPDCD 和 FacetNet 算法。例如，当演化率为 0.1 时，网络中存在明显的社区结构，并且 SPDCD 和 FacetNet 都可以取得好的结果。然而，FacetNet 的 NMI 结果发生了较大的变化，说明当网络平稳变化时，FacetNet 算法更难保持稳定。并且，当动态网络变化剧烈时，FacetNet 的结果迅速恶化。例如，当进化速度为 0.7 时，FacetNet 无法获得高质量的社区结构。另外，其 NMI 值变化很大，表明当网络剧烈变化时，FacetNet 算法更加不稳定。

接着，在所有不同演化率的动态网络中，SPDCD 表现都优于 DyPerm 算法。只有在演化率为 0.1 的动态网络中时，DyPerm 可以获得好的结果。在其他动态网络中，显然 DyPerm 的 NMI 结果相对较差且 NMI 变化不够平滑。这表示

DyPerm 具有较低的准确性和稳定性。在第三个时间片时，一些演化事件加入网络中，导致网络发生较大的变化。但是，DyPerm 无法适应动态网络的这些变化，导致其 NMI 结果突然恶化。总的来说，与 DyPerm 相比，SPDCD 实现了约 10% 的平均 NMI 增长。

在某些时刻，以演化率为 0.3 的动态网络的第 13 个时间片网络为例，可以看出当 NMI 取值小于一定值时，在接下来的时间片 NMI 值会有所提升，这是因为当演化强度达到一定阈值时，SPDCD 应用 Max_Perm 算法重新划分了该时间片整个网络的社区，消除了由于增量计算引入的累积误差和网络巨变对社区划分结果的影响，提升了 SPDCD 算法探测到社区结构的质量。

此外，在实验过程中，我们发现基于持久力指标的 DyPerm 算法表现非常耗时，效率极低，需花费较长时间才能收集得到如图 8-3 所示的结果。在 SPDCD 算法中，需要为具有小演化率的动态网络设置较小的网络演化强度。此外，在某个动态网络中，演化强度阈值设置越小，发现的社区结构的精确度越高，但同时这也会导致更大的时间开销。

本节基于 WCC 提出 PWCC 社区质量衡量指标，在保证准确性的同时，减少了计算复杂度。接着，本节将 SPDCD 算法与基于 WCC 的社区发现算法 SCD 进行对比，从而验证 SPDCD 算法的有效性。本节使用上述实验所用数据 Network_2k 中演化率为 0.5 的动态网络。由于 SCD 算法是静态算法，本节在动态网络的每个网络快照上执行 SCD 以获取其在动态网络中的社区划分结果。实验结果如图 8-4 所示。

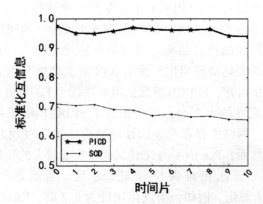

图 8-4　SPDCD 与基于 WCC 的 SCD 社区发现结果 NMI 值

从实验结果可以看出，SPDCD 算法具有更高的 NMI 值，其准确性明显优于 SCD 算法，说明 SPDCD 算法可以捕捉到更加准确的社区结构。随着时间片的增长，SPDCD 和 SCD 的 NMI 值均有所下降，原因在于一些演化事件被添加至动态网络中，网络结构发生变化，社区结构更加不明显。从实验结果可以翻出，SCD

算法的 NMI 值比较稳定，这是因为 SCD 是静态算法，在每个时间片均执行 SCD 算法，不会导致累计误差。

　　然后，在通话网络上运行 SPDCD 和 PIDCDS 算法验证其准确性。FacetNet，DyPerm 算法在大规模网络上由于无法在有限的时间内完成社区发现而被放弃。实验结果如图 8-5 所示。可以看出，与 PIDCDS 相比，SPDCD 实现更高的模块度，说明 SPDCD 可以更加准确地发现网络中的社区结构。并且，从整体来看，SPDCD 模块度变化更加稳定。此外，实验结果也说明该网络的社区结构不够明显，导致了较低的模块度。在通话数据中，每个网络快照都是通过汇总在固定大小的时间窗口（即一个月）发生的所有呼叫而生成的。如果时间窗口增大，每个网络快照具有更多的连边，网络结构变得更密集，社区结构更加明显，最终导致更高的模块度。否则，较小的时间窗口则会导致更稀疏的网络结构和更低的模块度。

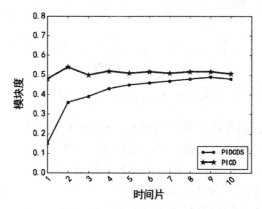

图 8-5　通话网络模块度变化

　　此外，SPDCD 在合成网络和真实世界网络上实现高准确性和稳定性的原因主要有两个方面。首先，在每个时间片网络中，SPDCD 能够准确识别增量结点。它重新调整了增量结点的社区归属，同时保持其他结点的社区归属不变，这有助于提高稳定性。其次，PWCC 指标对社区结构和网络变化非常敏感。基于最大化 PWCC 目标的结点社区归属调整策略实现了准确的社区发现。

　　此外，应用演化强度可以定量分析动态网络变化程度。当网络变化剧烈时，应用 Max_Perm 算法可以消除累积偏差，从而提高发现到的社区结构的质量。总之，在合成网络和真实世界网络上的实验证明 SPDCD 比 FacetNet，DyPerm 和 PIDCDS 具有更高的稳定性、准确性。因此可以得出结论，SPDCD 算法能够发现网络中更真实的社区结构。

　　（2）时间性能实验

　　在本实验中，通过研究网络规模，演化强度和每个执行器的核数对时间开销的影响来证明 SPDCD 的高效性。首先，通过在 Network_10k 上执行 SPDCD 和

PIDCDS 算法来探讨网络规模对运行时间的影响。将分区数量设置为 50，将每个执行器核数设置为 4。FacetNet、DyPerm 算法由于无法处理大规模网络而被放弃。在这个实验中，假设 Max_Perm 算法仅在第一时间片中应用，并在其他时间片中应用 Max_PWCC 算法。实验结果如图 8-6 所示。

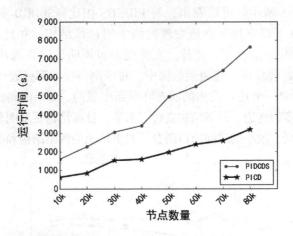

图 8-6   Network_10k 运行时间

实验结果表明，随着网络规模的增加，SPDCD 算法的运行时间也在缓慢增长。值得注意的是，随着结点数量和连边数量的增加，计算时间趋近于线性的增长，因为在此合成网络中连边数量与结点数量近似成比例。

此外，SPDCD 几乎只使用了 PIDCDS 约一半的时间来完成社区结构的发现。从算法原理来看，主要原因包括以下两个方面。首先，PIDCDS 定义了太多增量结点。在大多数时间片中，PIDCDS 识别的增量结点的数量可以达到网络总结点数量的 70% 或更多，这导致了计算量的大幅增加。而 SPDCD 识别的增量结点相对较少。其次，从指标的角度来看，perm 具有更高的计算复杂度。其计算不仅需要结点的邻居社区的信息，还需要邻居结点的邻居社区信息。更多的信息计算带来更大的计算量和更高的计算复杂度，从而导致更大的时间开销。由实验结果可知，与 PIDCDS 相比，SPDCD 时间开销更低，具有更高的时间性能。

然后，本节关注不同演化强度对运行时间的影响，并在 Network_10k 的第一个动态网络上进行实验。演化强度范围为 0.2 至 0.5 递增。实验结果如图 8-7 所示。可以看出，演化强度越大，时间开销越小。演变强度代表对算法对网络变化的容忍程度。演化强度越小，其对网络变化越敏感，也意味着应用 Max_Perm 的次数越多。随着演化强度的增加，应用 Max_Perm 的次数减少，时间开销变小，这从侧面说明 Max_PWCC 比 Max_Perm 实现更低的时间复杂度。在 SPDCD 算法中，一个合适的演化强度不仅可以获得高质量的社区结构，还可以避免太大的时间开销。

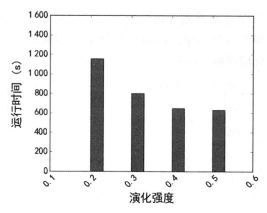

图 8-7　不同演化强度的运行时间

接下来，本节还讨论 SPDCD 算法在大规模动态网络 Network_1m 上的效率。PIDCDS 算法由于无法在容忍时间内完成此网络的社区发现而被舍弃。SPDCD 在此数据集上的运行时间结果如表 8-5 所示。很容易看出，随着网络规模的增长，SPDCD 算法的运行时间也在增长。在此实验中，我们设置每个执行器内核数增加到 8。在大规模网络中，更多的内核可以使 SPDCD 算法得以更好地并行计算。由实验结果可知，SPDCD 能够处理具有百万级结点的大规模动态网络。

表 8-5　Network_1m 运行时间

动态网络	运行时间
SynNet_1	30 min
SynNet_2	55 min
SynNet_3	105 min
SynNet_4	235 min

最后，为了验证 SPDCD 算法并行计算能力，研究了执行器内核的加速效应。在通话网络上进行实验，并设置内核数量从 4 到 12 以 2 为间隔递增。实验结果如图 8-8 所示，可以看出，增加每个执行器的内核数量可以有效地减少计算时间，直到计算时间收敛。这也体现出并行计算的优势。执行器内核数量决定了每个 Executor 进程并行执行 task 线程的能力。内核数量越多，越能够快速地执行完分配的所有 task 线程，即提高并行计算能力。但同时，较多执行器内核数量也会带来更多的 I/O 消耗。因此，当执行器内核数量达到一定值时，继续增加内核数量无法减少运行时间。

另外，与上述实验相比，该网络的运行时间明显较少。主要原因是虽然网络中结点的数量增加，但连边的数量相对减少。较低的平均度导致结点转移到其邻居社区的次数减少。而且，在分布式环境中，较低的平均度使得每个结点处理的数据量大大减少，从而导致时间开销的降低。这也显示了并行计算的优势。通常，增加每个执行器的内核数量可以有效地降低时间成本，该实验表明 SPDCD 非常适合于处理大规模网络。

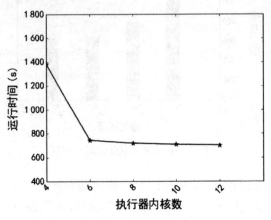

图 8-8　不同执行器内核数对应运行时间

8.3.5　本节小结

　　动态社区发现一直是网络研究中的一个重要研究课题，其广泛应用于生物学，社交网络以及网络流量分析等许多领域。目前的一些社区质量衡量指标可以取得较好的成果，但仍然具有很大的局限性，例如模块度指标的"分辨率限制问题"、持久力指标的较高时间复杂度问题及 WCC 指标的较高计算复杂性问题。此外，大多数社区算法无法处理大规模网络。针对这两个问题，本节首先在 WCC 的基础上进行修改，修改后的社区质量衡量指标，即 PWCC，在保证社区质量准确性的前提下实现了较低的时间复杂度。基于 PWCC，本节提出一种并行动态社区发现算法 SPDCD，可以快速而准确地发现大规模网络中的社区结构用。首先，SPDCD 执行并行的全局搜索以识别增量结点。其次，基于 PWCC 对社区结构的敏感性，通过并行执行增量结点的社区归属局部调整来最大化网络 PWCC，从而为增量结点找到其最佳社区归属。并行计算适用于所有结点相关信息的计算。合成网络和真实世界网络上的实验表明，SPDCD 在准确性和稳定性方面优于 FacetNet 和 DyPerm 算法。而且，相比 DyPerm，SPDCD 实现了约 10% 的平均 NMI 增长。此外，SPDCD 比 PIDCDS 算法具有更高的效率，非常适合处理大规模网络。随着网络规模的增长，SPDCD 实现了几乎线性的时间增长。

　　在未来的工作中，我们希望改进 SPDCD 算法使其同样可以应用于有网络和加权网络。一个有效方法就是对 PWCC 进行修改使其可以衡量有向社区和加权社区结构的质量。另一个重要方向是重叠社区。我们希望完善 SPDCD 算法使其可以用来发现动态网络中的重叠社区结构。未来的研究工作将继续扩展 SPDCD 算法，使其更加灵活，并适应更广泛的网络。

8.4　基于边图的并行重叠社区发现方法

在重叠社区发现层面，相关学者提出了一些方法，其中包含：基于结点的方法，这类方法直接处理图中结点的社区归属问题，代表方法有谱聚类[39]、团渗透[40]、标签传播[41]和层次聚类[42]；基于边的方法，这类方法针对边进行划分，然后将边的社区转换成点的社区，代表方法有边划分方法[43~44]；还有一些其他方法，比如基于随机块模型的方法[45]、基于矩阵分解的方法[46]等等。以上方法存在一些问题：结果不确定，由于一些方法使用随机机制导致算法结果不稳定；社区不准确，由于一些方法将网络中的所有结点都划分到某个社区，事实上有些孤立点不属于任何社区，所以导致社区不准确；社区过度重叠，一些基于边划分的方法会生成很多较小的社区，这些社区之间存在高度重叠的现象；复杂的参数；较长的运行时间。针对以上问题，本节提出一种基于边的重叠社区发现方法，且基于 Spark 平台实现了该方法的并行化，进一步提升运行效率。

8.4.1　方法

提出一种基于边的重叠社区发现方法，称为 LinkSHRINK。定义如下一些概念。

定义 8-8　（孤立点（outliers））给定图 $G=(V,E)$，其中 V 是结点集合，E 是边集合。图中往往存在一些独立的点，这些点无法归属到任何社区，即定义为孤立点（outliers），Outliers $= \{v \mid v \in V, \not\exists V'_i \in \mathrm{CR} \wedge v \in V'_i\} = V - \bigcup_{i=1}^{k} V'_i$，其中 CR 表示网络中的社区。

定义 8-9　（微社区（micro-community））给定图 $G=(V,E)$，$C(a)=(V',E',\varepsilon)$ 是图 G 的一个子图并且由在其中的一个结点 a 表示，如果满足：① $a \in V'$；②对于所有结点 $u \in V'$，$\exists v \in V'(u \leftrightarrow_\varepsilon v)$；③ $\not\exists u \in V(u \leftrightarrow_\varepsilon v \wedge u \in V' \wedge v \notin V')$，$C(a)$ 就是图 G 中的一个微社区，其中 ε 是该微社区的密度。$u \leftrightarrow_\varepsilon v$ 表示相似度 ε 是结点 u，v 及其邻接点之间最大的相似度。

定义 8-10　[社区重叠度（community overlap degree）]给定点社区划分 $\mathrm{CR}=\{C_1,C_2,\cdots,C_j\}$，$C_1$ 表示为其中一个社区，社区 C_i 和 C_j 之间的社区重叠度 $\vartheta(C_i,C_j)$ 计算见公式（8-9）：

$$\vartheta(C_i,C_j) = \frac{|C_i \cap C_j|}{\min(|C_i|,|C_j|)} \tag{8-9}$$

其中$|C_i \cap C_j|$表示社区C_i和社区C_j中重叠的点的个数，$\min(|C_i|,|C_j|)$表示社区C_i和社区C_j中结点个数的最小值。

定义 8-11　［社区连接（community connection）］给定图$G=(V,E)$，社区C_1与社区C_2相连，当且仅当$\exists e(u,v) \in E \wedge u \in C_1 \wedge v \in C_2$，其中$C_1,C_2 \in CR$。

LinkSHRINK 算法的整体框架如算法 8-7 所示，其包含了四个步骤：生成边图；发现边社区；将边社区转换成点社区；合并社区。

算法 8-7　LinkSHRINK

输入：(1) 图 G=(V,E)，(2)重叠度阀值 ω

输出：　重叠社区 OC = {$C_1,C_2,\cdots,C_k$}

(1) 把图 G= (V,E)转化为边图 LC(G) = (V′,E′);

(2) RLC=StructuralClustering(LC(G));

(3) 把边社区转化成点社区

(4) 合并社区生成重叠社区 OC;

Return　OC

---

1. 生成边图

给定图$G=(V,E)$，其中$V=\{v_1,v_2,\cdots,v_n\}$表示结点集合，$E=\{e_1,e_2,\cdots,e_m\}$表示边集合。边$e=(u,v)$由结点u和结点v构成，原图中的每条边$e(u,v)$对应边图中的一个点$v(u,v)$。如果原图中的两条边存在相同结点，那么其对应的边图中的两个点之间就有一条连边，比如，原图中边(1,2)和边(2,4)的相同结点为 2，那么在边图中结点(1,2)和(2,4)之间有条连边。

2. 发现边社区

算法 8-8　基于密度的社区发现算法

输入：边图 LG(G)=(V′,E′)

输出：社区集合 RLC={$C_1,C_2,\cdots,C_k$}

(1) RLC←{{v_i}|$v_i \in V'$}

(2) while true do

// 寻找可以合并的微社区

(3) ΔQ_s←0;

(4) for each v ∈ V′ do

(5) 　　　　C(v)←ϕ;

(6) 　　　　Queue q;

(7) 　　　　q. insert(v);

(8) 　　　　ε←max{σ(v,x)|x ∈ Γ(v)-{v}};

(9) 　　　　whileq. empty() ≠ true do

(10) 　　　　　　u← q. pop( ) ;

(11) 　　　　　　if u = v ∨ max{ σ(u,x) | x ∈ Γ(u) − { u } } = ε then

(12) 　　　　　　　　C(v)←C(v) ∪ { u } ;

(13) 　　　　　　　　for each w ∈ Γ(u) − { u } do

(14) 　　　　　　　　　　if σ(w,u) = ε then

(15) 　　　　　　　　　　　　q. insert(w) ;

(16) 　　　　　　　　　　end if

(17) 　　　　　　　　end for

(18) 　　　　　　end if

(19) 　　　　end while

// 合并为社区构建超网络

(20) 　　　　if | C(v) |>1 ∧ ΔQ_s(C(v))>0 then

(21) 　　　　　　$\tilde{v}$←{ v | v ∈ C(v) } ;

(22) 　　　　　　RLC←(RLC − $\bigcup_{v_i \in C(v)}$ { { v_i } }) ∪ { $\tilde{v}$ } ;

(23) 　　　　　　V′←(V′ − $\tilde{v}$) ∪ { v_1 | v_1 ∈ C(v) } ;

(24) 　　　　　　ΔQ_s←ΔQ_s + ΔQ_s(C(v)) ;

(25) 　　　　end if

(26) 　　end for

(27) 　　if ΔQ_s = 0 then

(28) 　　　break ;

(29) 　　end if

(30) end while

(31) Return RLC

算法初始化时每个结点被看作是一个社区。算法 8-8 中的第 4~19 行生成候选社区 $C(i)$，其中 σ 表示其余邻居结点之间的最大相似度。随后，第 20~25 行利用基于相似度的模块度 Q_s 判定这些候选微社区是否应该合并。通过公式（8-10）和（8-11）计算 ΔQ_s，$US_{i,j} = \sum_{u \in C_i, v \in C_j} \sigma(u,v)$ 表示两个社区之间的连边的相似度之和，$DS_i = \sum_{u \in C_i, v \in V} \sigma(u,v)$ 表示社区 C_i 与社区以外结点之间的相似度之和 $TS = \sum_{u,v \in V} \sigma(u,v)$ 表示两个结点之间的相似度。

$$\Delta Q_s = Q_s^{C_i \cup C_j} - Q_s^{C_i} - Q_s^{C_j} \tag{8-10}$$

$$\Delta Q_s(C) = \frac{\sum_{i,j \in \{1,2,\cdots,k\}, i \neq j} 2US_{ij}}{TS} - \frac{\sum_{i,j \in \{1,2,\cdots,k\}, i \neq j} 2DS_i \cdot DS_j}{(TS)^2} \tag{8-11}$$

如果 $\Delta Q_s(C)>0$，那么社区 C 被合并到微社区 MC，选取 C 中的任意结点为代表结点，称为超结点 v。C 中的其他结点将被忽略，社区内部的所有的边都连接到超结点 v。重复合并过程直到没有待合并的微社区。

3. 合并社区

经过社区发现过程之后，即可获得边社区，需要将边社区转换成点社区。实际上，如此得到的点社区具有高度的重叠度，为了发现具有不同重叠度的社区，还需根据重叠度 ϑ 进行社区的合并。合并过程的主要思想是将重叠度 $\vartheta(C_x, C_y) \geqslant \omega$ 的两个社区合并，其中 ω 是用户指定的阈值。通过 ω 的变化，可以得到具有不同重叠度的社区。

8.4.2　时间复杂度分析

设 n, n', m, m' 分别表示原图和边图中的结点和边的个数，k 表示社区的个数。从原图转换成边图需要 $O(mm')$ 的计算量。生成边图后，使用算法 8-8 发现微社区需要 $O(m'\log n')$ 的计算量，其中 $\log n'$ 表示迭代次数。将边社区转换为点社区需要 $O(n')$ 的计算量。根据重叠度合并社区需要 $O(k^2)$ 的计算量。总体上，LinkSHRINK 算法需要 $O(mm'+m'\log n'+n'+k^2)$ 的计算量。

8.4.3　并行化设计

1. 图采样

因为 LinkSHRINK 的运行时间依赖于边图中的结点和边的规模，又因为将原图转换为边图后，会增加大量的结点和边，所以采用图采样方法降低网络的规模。给定边图 $\mathrm{LG} = (V', E')$，对于 $v \in V$，我们随机地从其所有的连边中抽取 n_v 条边作为采样后图的边。如何确定 n_v 的值就成为关键，本节采用公式（8-12）确定 n_v 的值。

$$n_v = \min\{d_v, \alpha + \beta \ln d_v\} \tag{8-12}$$

其中，d_v 是结点 v 的度。对于参数 α 和 β 的值分别设置为 2<d>或<d>和 1。

2. 基于 Hadoop 的 LinkSHRINK 并行化方法：MLinkSHRINK

Hadoop 是一种被广泛采用的分布式计算框架，主要由分布式计算框架 MapReduce 和分布式存储框架 HDFS 组成。MapReduce 通过 job 任务在集群上的不同结点的同时计算实现处理逻辑的并行，而每个 job 分为 Map 和 Reduce 两个阶段。用户可以定义自己的 Map 函数实现用户自定义逻辑分发到子结点，通过 Reduce 阶段收集子结点的中间结果。经汇总后获得最终结果。MLinkSHRINK 算法分为两个阶段，第一阶段为算法迭代前的准备包括前三个 job，第二阶段为迭代阶段包含后三个 job，大体有以下步骤。

（1）边图相似度计算（job1）

在 Map 阶段，用户给定键值对，其中键是输入的结点，值是结点的邻接表。

注意，边图中的结点对应的是原图中的边。为了说明，以结点 v 及其邻接表 $<v:v_1,v_2,\cdots,v_s>$ 为例，将结点 v 与其邻居结点构成的边作为输入，将结点的邻接表作为输出的值，进行分发。在 Reduce 阶段，根据输入的每条边及其邻接表信息，计算这条边的相似度。

（2）根据相似性加权边图（job2）

在 Map 阶段，输入为 job1 的输出，即边图中结点之间的相似度，MLink-SHRINK 将结点作为键，将其邻接点与相似度作为值，进行分发。在 Reduce 阶段，MLinkSHRINK 合并每个结点的邻接点信息。

（3）相似度求和（job3）

在 Map 阶段，计算每个结点的相似度之和。在 Reduce 阶段，计算所有的相似度之和。

（4）合并结点（job4）

在 Map 阶段，MLinkSHRINK 处理输入的键值对，键是结点，值是包含了相似性的邻接表信息，然后 MLinkSHRINK 分发键值对，键是具有最大相似度的边，值是结点总的相似度及边相似度。在 Reduce 阶段，如果 MLinkSHRINK 收到一条边的两个信息，说明在 Map 阶段分别选中了这条边，MLinkSHRINK 读取值中的两个结点及边的信息，计算 ΔQ，若 $\Delta Q>0$，则输出该边，下一个 job 中删除。

（5）重构图（job5）

job5 的结点在 Map 阶段，MLinkSHRINK 读取结点及其邻接点信息，首先检查结点是否在 job4 的输出列表中，若在，则说明存在待删除的边，比较结点与其邻接点信息并选择较小结点作为键，将该结点及其相似度信息作为值进行分发。在 Reduce 阶段，MLinkSHRINK 将收到的结点及其邻近点信息合并更新相似度。已该结点作为键，合并后的邻接表作为值并输出。

（6）更新社区标签（job6）

在 Map 阶段，读入上次迭代的社区信息，读入社区的代表结点及其成员，检查社区的代表结点是否在 job4 的输出列表中，若在，说明社区的某条边需要删除。将社区代表结点与其邻接点进行比较选取较小的结点作为社区的代表结点，然后将该社区的代表结点作为键，其邻接点信息作为值，进行分发。在 Reduce 阶段，读取键中的结点作为社区代表点，将值中的邻接信息合并，完成社区的划分。

第二阶段的 job4、job5 和 job6 依次迭代，直到 job4 输出为空。最后，需要将边图中的社区信息转换成原图中的社区信息。在 Map 阶段，将边图中的社区的代表点作为键，其边图中的点转换成原图中的点去重后作为值进行分发，在 Reduce 结点，将社区写入文件。

3. 基于 Spark 的 LinkSHRINK 并行化方法：PLinkSHRINK

在 Spark 平台上，本节采用 GraphX 实现 PLinkSHRINK 算法。在 GraphX 中存在两种主要结构 NodeRdd[VD]，EdgeRDD[ED]，其中 VD 表示结点的属性，ED 表示边的属性。一个图就可以通过两种结构被创建。PLinkSHRINK 算法的主要过程如算法 8-9 所示，其整体过程与 LinkSHRINK 类似，主要区别在于 LinkSHRINK 在每次迭代过程中合并一个候选结点集合，而 PLinkSHRINK 在每次迭代中通过两个 leftOuterJoin 操作合并所有的候选结点集合。

算法 8-9　基于边的重叠社区发现方法的并行化

输入：(1) 采样后的原图 G'=(V,E)；(2) 边图 LG=(V',E')；(3) 标记好的数据(V'id, sr-cId, dstId)

输出：社区集合 OC={$C_1, C_2, \cdots, C_k$}

(1) //计算边的相似性

(2) 生成原图的 RDD，记为 G'RDD

(3) 生成边图的 RDD，记为 LG'RDD，其中结点 A 的 VD 由与边图中的边 A 相连接的结点构成

(4) 通过 aggregateMessages() 和 OuterJoinVertices() 生成原图结点相似性的 RDD，记为 simRDD

(5) 生成 simGraphRDD，其中 key 是与原图中的边相连的结点，value 是它们的相似性

(6) 生成边图 RDD，记为 linkGraphPRDD，其中 key 是边图中的结点，value 是边图中的边 edge (srcId, dstId)

(7) 用 linkGraphPRDD:leftOuterJoin(simGraphRDD)生成边 RDD，记为 finalGraphRDD

(8) 使用 edgeRDD 生成图 RDD，记为 finalGraph

(9) //在边图 finalGraph 上聚类

(10) 每次迭代的图 G(V,E)←finalGraph

(11) 生成边社区 OLC←G.vertices.map()

(12) Q←1

(13) while Q>0 do

(14) 　　　message←G.sendMessge

(15) 　　　G←G.join(messge)

(16) 　　　G.sendMessge 生成带有结点信息的 neighborRDD

(17) 　　　G←G.join(neighborRDD)

(18) 　　　通过 G.triplets()计算 ΔQ，然后生成 VRDD

(19) 　　　communityRDD←VRDD.map()

(20) 　　　edgeRDD←G.edges.map()

(21) 　　　ISGraph←G.join(VRDD)

(22) 　　　count←VRDD.count()

(23) 　　　if count>0 then

（24）	new_edgeRDD←edgeRDD. leftOuterJoin(communityRDD).
	leftOuterJoin(communityRDD)
（25）	融合重复的边,记为 new_edgeRDD,并过滤边 edge. srcId = = edge. dstId
（26）	//对新图生成 IS
（27）	G←Graph. fromEdges(new_edgeRDD)
（28）	OLC←OLC. leftOuterJoin(communityId)
（29）	G←G. join(IsRDD). Join(edgeMerge)
（30）	else
（31）	Q = 0
（32）	end if
（33）	end while
（34）	转换 OLC 为结点社区 OC = { C₁, C₂, ⋯, Cₖ}
（35）	Return OC

8.4.4　实验结果与分析

1. 对比方法

（1）CPM[40]是一种基于团渗透的重叠社区发现方法，其中团大小的取值范围设置为[3,8]；

（2）COPRA[43]是一种基于标签传播的重叠社区发现方法，其中社区重叠程度的取值范围设置为[0.5,1]；

（3）LINK[41]是一种基于边分割的重叠社区发现方法；

（4）LINK1 是 LINK 方法的变种，即删除 LINK 发现的仅有一条边的社区；

（5）SHRINKO[42]是一种基于密度的社区发现方法，通过将 hub 点划分到不同社区实现重叠社区发现方法；

（6）OCDDP[47]是一种基于密度的重叠社区发现方法，通过相似性设置结点之间的距离，然后采用三阶段的方法选择社区的核心结点和结点与社区之间的隶属关系；

（7）GraphSAGE[48]是一种将网络映射到低维向量空间的方法，然后使用模糊聚类发现重叠社区；

（8）PBigClam[49]是 BigClam[50]的并行化版本，而 BigClam 是一种基于非负矩阵分解的重叠社区发现方法。

2. 实验环境

对于所有单机算法的实验环境，其硬件环境是 CPU 2.66 GHz，内存 8 GB，软件环境是 Windows 10 的个人计算机；对于并行化算法的实验环境，其硬件环境是由 4 台计算机组成的集群，其运行参数如表 8-6 所示。

表 8-6　运行环境参数

组 成 部 件	配　置
处理器	Intel Xeon E5504
内存容量	64 GB
硬盘容量	750G＊2+6 TB
操作系统	CentOS 6.3
Java 版本	1.7.0_67
GCC 版本	5.1
Hadoop 版本	2.6.0
Spark 版本	1.5.1

3. 数据集

本节采用的数据集有五个真实世界网络数据，其中四个小规模的数据集用来验证方法的有效性，一个大规模的数据集用来验证采样的有效性及算法的性能，其统计信息如表 8-7 所示；本节还采用了 16 个由 LFR 生成的人工合成网络，LFR 的参数含义如表 8-8 所示；L1~L5 用来验证采样的有效性，L6~L10 用来验证方法的性能，其统计信息如表 8-9 所示。

表 8-7　真实网络数据集的统计数据

数　据　集	节　点　数	边　数
Karate club	34	78
PDZBase	164	209
DBLP	317 080	1 049 866
Euroroad	1 109	1 367
Power	4 941	6 594

表 8-8　LFR 的参数含义

参　数　名	含　义
N	结点数
K	平均度
max_k	最大度
min_c	最小社区大小
max_c	最大社区大小
mu	混合参数
on	重叠结点的个数
om	重叠结点的社区数

表 8-9　大规模人工合成网络的统计信息

ID	N	k	max_k	mu	on	om
L1	5 000	15	30	0.1	500	3
L2	6 000	15	30	0.1	600	3
L3	8 000	15	30	0.1	800	3
L4	9 000	15	30	0.1	900	3
L5	10 000	15	30	0.1	1 000	3
L6	100k	15	20	0.1	10k	3
L7	150k	15	20	0.1	15k	3
L8	200k	15	20	0.1	20k	3
L9	250k	15	20	0.1	25k	3
L10	300k	15	20	0.1	30k	3

4. 评价指标

① 在人工合成网络中，结点的社区标签是已知的，所以本节采用扩展的标准互信息[51]衡量算法的效果，其定义如公式（8-13）所示：

$$\mathrm{ONMI}(X|Y) = 1 - [H(X|Y) + H(Y|X)]/2 \qquad (8\text{-}13)$$

其中，X 与 Y 分别表示真实社区和算法发现的重叠社区，$H(X|Y)$ 表示 X 相对于 Y 的条件熵：

$$H(X|Y) = \frac{1}{|C|} \sum_k \frac{H(X_k|Y)}{H(X_k)} \qquad (8\text{-}14)$$

其中，$|C|$ 表示真实社区的个数。ONMI 值越高，说明效果越好。

② 在真实世界网络中，结点的标签是未知的，所以本节采用重叠模块度[52]衡量算法的效果：

$$Q_{OV}^{E} = \frac{1}{2m} \sum_c \sum_{i,j \in c} \left[A_{ij} - \frac{k_i k_j}{2m} \right] \frac{1}{O_i O_j} \qquad (8\text{-}15)$$

其中，O_i 表示结点 i 所属的社区的个数，A_{ij} 表示结点 i 和 j 之间的连边权重。Q_{OV}^{E} 的值越高，说明发现的社区质量越好。

5. 结果分析

本节将实验分为两部分：①在真实世界网络和人工合成网络上验证采样过程的有效性；②在真实世界网络和人工合成网络上验证 PLinkSHRINK 方法的性能。

（1）在真实世界网络上验证方法有效性

本节采用表 8-7 中的 Karate、Power、PDZBase 和 Euroroad 的网络数据来验证方法的有效性。实验结果如表 8-10 所示。从表中可以看出，PLinkSHRINK 算法和 MLinkSHRINK 算法的 Q_{OV}^{E} 值与 LinkSHRINK 算法的结果差不多，而 OCDDP 在 Power

和 Euroroad 网络上获得最好的效果，但是在四个网络上的平均效果来说，PLink-SHRINK 仅比 OCDDP 低了 0.007 5，可见 PLinkSHRINK 算法和 MLinkSHRINK 算法的有效性得到了验证。

表 8-10　各方法发现社区的重叠模块度对比

方　法	Karate	Power	PDZBase	Euroroad
COPRA	0.151	0.391	0.01	0.296
SHRINKO	0.271	0.447	0.393	0.417
LINK	0.197	0.233	0.264	0.266
OCDDP	0.274	0.508	0.381	0.431
GraphSAGE	0.036 4	0.051 2	0.018 6	0.046 7
PBigClam	0.028 8	0.306 2	0.225	0.136
LinkSHRINK	0.284	0.462	0.398	0.423
MLinkSHRINK	0.285	0.455	0.402	0.422
PLinkSHRINK	0.302	0.458	0.396	0.419

（2）采样过程的有效性验证

本节采用表 8-9 中的数据验证采样过程的有效性。在采样过程中参数 α 和 β 分别设置为 2<d> 和 1。然后运行 LinkSHRINK 方法，得到运行时间结果，如表 8-11 所示，以及重叠模块度结果，如表 8-12 所示。

表 8-11　带采样和不带采样的算法的运行时间对比（单位：秒）

数　据　集	L1	L2	L3	L4	L5
带采样的方法	48	102	111	162	132
不带采样的方法	49	148	159	184	186

表 8-12　带采样和不带采样的算法的重叠模块度的对比

数　据　集	L1	L2	L3	L4	L5
带采样的方法	48	102	111	162	132
不带采样的方法	49	148	159	184	186

从表 8-11 和表 8-12 中可以看出，经过采样之后 LinkSHRINK 算法的运行效果与采样前的运行效果相比稍微好一些，那是因为在采样过程中可能将噪声数据忽略了，导致更准确的发现社区。采样过程使得图中边变少，使得运行时间得到了有效的降低，在 25% 左右。

（3）PLinkSHRINK 方法性能的验证

在性能方面，本章采用表 8-7 中的 DBLP 数据和表 8-9 中的人工合成数据集

L6~L10。在真实世界网络 DBLP 上，由于其规模较大，把原图转换为边图后规模变的更大，所以先在边图上进行采样后，再运行各个算法。如表 8-13 所示，在边图上采样能有效降低边的个数，从 21 780 889 降到了 7 209 618。在经过采样的边图上，运行 LinkSHRINK、MLinkSHRINK 和 PLinkSHRINK 三个算法，如表 8-14 所示，PLinkSHRINK 运行了 3 h，PBigClam 运行了 5.4 h，MLinkSHRINK 运行了 6.2 h，而 LinkSHRINK 因为运行时间过长而没有结果。可以看出，PLink-SHRINK 的性能优于其他三个方法。PLinkSHRINK 发现了约 76 400 个社区，其规模分布如图 8-9 所示。

表 8-13　采样前后的 DBLP 网络规模的对比

数 据 集	节 点 个 数	边 个 数
原图	317 080	1 049 866
采样后的边图	1 049 866	7 209 618
未采样的边图	1 049 866	21 780 889

表 8-14　四个算法在 DBLP 上的运行时间

算法	PLinkSHRINK	MLinkSHRINK	LinkSHRINK	PBigClam
运行时间	3	6.2	—	5.4

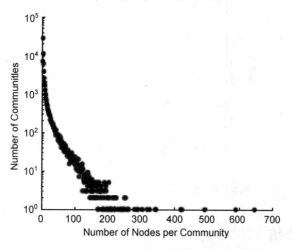

图 8-9　PLinkSHRINK 发现 DBLP 网络中的社区规模分布

　　在人工合成网络方面，即使经过采样后，LinkSHRINK 也无法在表 8-9 中的人工合成网络数据上正常运行，所以只列出 PLinkSHRINK、MLinkSHRINK 和 PBigClam 算法的运行时间，如表 8-15 所示。PLinkSHRINK 的运行时间明显短于 MLinkSHRINK 和 PBigClam 的运行时间，且随着网络规模的增加，MLinkSHRINK

算法的运行时间快速上升，而 PLinkSHRINK 算法的运行时间平稳增加，原因在于 LinkSHRINK 是迭代算法，而 Spark 适合实现迭代式算法。

表 8-15　在人工合成网络上的运行时间对比　　　　（单位：h）

数据集	L6	L7	L8	L9	L10
MLinkSHRINK	1.1	4.2	5.5	6.3	10
PbigClam	0.57	1.13	1.88	2.7	3.7
PLinkSHRINK	0.1	0.7	1.0	0.95	1.1

为了评价并行化算法的性能，本节根据运行时间计算加速比。加速比（Speedup）是同一个任务在单个处理器系统和并行处理器系统中运行消耗的比率，用来衡量并行系统或程序并行化的性能和效果。利用公式 $S_p = T_1/T_p$ 表示加速比，其中，p 表示 CPU 数量，T_1 表示顺序执行算法的执行时间，T_p 指当有 p 个处理器时，并行算法的执行时间。当 $S_p = p$ 时，S_p 称为"线性加速比"。当某一并行化算法具有线性加速比时，其将具有优秀的可扩展性。针对 PLinkSHRINK 运行时间与集群中的 excutor core 的个数关系密切，设计了基于 DBLP 网络上的加速比实验，结果如图 8-10 所示，可以看出随着核数的增加，PLinkSHRINK 的加速比呈线性增长趋势。

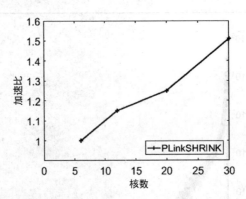

图 8-10　基于 excutor cores 的加速比实验

8.4.5　本节小结

本节提出一种基于边的重叠社区发现方法，通过结合密度和模块度优化发现网络中的孤立点且有效避免了结果不稳定的问题，同时提出重叠度部分解决社区过度重叠问题；提出了基于 Spark 和 MapReduce 的重叠社区发现并行化方法，提高了从大规模网络中发现重叠社区的效率。最后在真实世界网络和人工合成网络上验证了两种方法的有效性和效率。

本章参考文献

［1］ NEWMAN, M E J. Modularity and community structure in networks ［J］. Proceedings of the National Academy of Sciences of the United States of America, 2006, 103（23）: p. 8577-8582.

［2］ 汪小帆, 李翔, 陈关荣, 网络科学导论［M］. 北京: 高等教育出版社, 2012.

［3］ CHAKRABORTY T, SRINIVASAN S, GANGULY N. On the permanence of vertices in network communities ［C］//Proceedings of the 20th ACM SIGKDD international conference on Knowledge discovery and data mining. August 24-27, 2014, New York, NY, USA. New York: ACM Press, 2014: 1396-1405.

［4］ AGARWAL P, VERMA R, AGARWAL A, et al. DyPerm: Maximizing permanence for dynamic community detection ［C］//Pacific-Asia Conference on Knowledge Discovery and Data Mining: Lecture Notes in Computer Science 10937. June 3-6, 2018, Melbourne, VIC, Australia. London: Springer, 2018: 437-449.

［5］ PRAT-PÉREZ A, DOMINGUEZ-SAL D, Brunat J M, et al. Put three and three together: Triangle-driven community detection ［J］. ACM Transactions on Knowledge Discovery from Data （TKDD）, 2016, 10（3）: 22.

［6］ PRAT-PÉREZ A, DOMINGUEZ-SAL D, LARRIBA-PEY J L. High quality, scalable and parallel community detection for large real graphs ［C］//Proceedings of the 23rd international conference on World wide web. April 7-11, 2014, Seoul, Republic of Korea. New York: ACM Press, 2014: 225-236.

［7］ LYU T, BING L, ZHAO Z, et al. Efficient and Scalable Detection of Overlapping Communities in Big Networks ［C］//2017 IEEE International Conference on Data Mining, November 18-21, 2017, New Orleans, LA, USA. Piscataway: IEEE Press, 2017: 1071-1076.

［8］ ZAHARIA M, CHOWDHURY M, DAS T, et al., Resilient Distributed Datasets: A Fault-Tolerant Abstraction for In-Memory Cluster Computing ［C］//Proceedings of the 9th USENIX Symposium on Networked Systems Design and Implementation, April 25-27, 2012, San Jose, CA, USA. Berkeley: USENIX Association, 2012: 141-146.

［9］ XIN R S, GONZALEZJ E, FRANKLIN M J, et al. GraphX: A resilient distributed graph system on spark ［C］//Proceedings of the First International Workshop on Graph Data Management Experiences and Systems, June 24, 2013, New York, NY, USA. New York: ACM, 2013: 1-6.

［10］ LU H, HALAPPANAVAR M, KALYANARAMAN A. Parallel heuristics for scalable community detection ［J］. Parallel Computing, 2015, 47: 19-37.

［11］ STAUDT C L, MEYERHENKE H. Engineering parallel algorithms for community detection in massive networks ［J］. IEEE Transactions on Parallel and Distributed Systems, 2015, 27（1）: 171-184.

［12］ NING, H, et al., Incremental spectral clustering by efficiently updating the eigen-system ［J］. Pattern Recognition, 2010, 43（1）: p. 113-127.

[13] DANON L, DIAZ-GUILERA A, DUCH J, et al. Comparing community structure identification [J]. Journal of Statistical Mechanics: Theory and Experiment, 2005 (09): P09008.

[14] LANCICHINETTI A, FORTUNATO S, RADICCHI F. Benchmark graphs for testing community detection algorithms [J]. Physical review E, 2008, 78 (4): 046110.

[15] LI X, WU B, GUO Q, et al. Dynamic community detection algorithm based on incremental identification [C]// IEEE International Conference on Data Mining Workshop. November 14-17, 2015, Atlantic City, NJ, USA. Washington: IEEE Computer Society, 2015: 900-907.

[16] LIN Y R, CHI Y, ZHU S, et al. FacetNet: a framework for analyzing communities and their evolutions in dynamic networks [C]//Proceedings of the 17th International Conference on World Wide Web. April 21-25, 2008, Beijing, China. New York: ACM Press, 2008: 685-694.

[17] BIN W U, YAN X, ZHANG Y L. Parallel incremental dynamic community detection algorithm based on Spark [J]. Journal of Tsinghua University (Science and Technology), 2017, 57 (10): 1030-1037.

[18] FORTUNATO S. Community detection in graphs [J]. Physics reports, 2010, 486 (3-5): 75-174.

[19] 王莉, 程学旗. 在线社会网络的动态社区发现及演化 [J]. 计算机学报, 2015, 38 (02): 219-237.

[20] HARTMANN T, KAPPES A, WAGNER D. Clustering evolving networks [M]// KLIEMANN L, SANDERS P. Algorithm Engineering: Lecture Notes in Computer Science, vol 9220. London: Springer International Publishing, 2016: 280-329.

[21] PALLA G, BARABÁSI A L, VICSEK T. Quantifying social group evolution [J]. Nature, 2007, 446 (7136): 664.

[22] CORNE D, HANDL J, KNOWLES J. Evolutionary clustering [C]//Proceedings of the Twelfth ACM SIGKDD International Conference on Knowledge Discovery and Data Mining, August 20-23, 2006, Philadelphia, Pa, USA. New York: ACM Press, 2006: 554-560.

[23] NGUYEN N P, DINH T N, XUAN Y, et al. Adaptive algorithms for detecting community structure in dynamic social networks [C]// Proceedings of the 30th IEEE International Conference on Computer Communications, 10-15 April 2011, Shanghai, China. Piscataway: IEEE Press, 2011: 2282-2290.

[24] 刘世超, 朱福喜, 甘琳. 基于标签传播概率的重叠社区发现算法 [J]. 计算机学报, 2016, 39 (04): 717-729.

[25] 康颖, 古晓艳, 于博, 等. 一种面向大规模社会信息网络的多层社区发现算法 [J]. 计算机学报, 2016, 39 (01): 169-182.

[26] 张虎, 吴永科, 杨陟卓, 等. 基于多层结点相似度的社区发现方法 [J]. 计算机科学, 2018, 45 (01): 216-222.

[27] 刘冰玉, 王翠荣, 王聪, 等. 基于动态主题模型融合多维数据的微博社区发现算法 [J]. 软件学报, 2017, 28 (02): 246-261.

[28] 陈羽中, 施松, 朱伟平, 等. 一种基于邻域跟随关系的增量社区发现算法 [J]. 计算机

学报，2017，40（03）：570-583.

[29] WANG C D, LAI J H, YU P S. Dynamic community detection in weighted graph streams [C]//Proceedings of the 2013 SIAM International Conference on Data Mining, May 2－4, 2013, Austin, Texas, USA. Philadelphia：SIAM Press, 2014：151-161.

[30] LI X, WU B, GUO Q, et al. Dynamic community detection algorithm based on incremental identification [C]//IEEE International Conference on Data Mining Workshop, November 14－17, 2015, Atlantic City, NJ, USA. Washington：IEEE Computer Society, 2015：900-907.

[31] GUO Q, ZHANG L, WU B, et al. Dynamic community detection based on distance dynamics [C]//2016 IEEE/ACM International Conference on Advances in Social Networks Analysis and Mining, August 18－21, 2016, San Francisco, CA, USA. Washington：IEEE Computer Society, 2016：329-336.

[32] PURANIK T, NARAYANAN L. Community detection in evolving networks [C]//Proceedings of the 2017 IEEE/ACM International Conference on Advances in Social Networks Analysis and Mining 2017, July 31－August 03, 2017, Sydney, Australia. New York：ACM Press, 2017：385-390.

[33] OZTURK K, POLAT F, OZYER T. An evolutionary approach for detecting communities in social networks [C]//Proceedings of the 2017 IEEE/ACM International Conference on Advances in Social Networks Analysis and Mining 2017, July 31－August 03, 2017, Sydney, Australia. New York：ACM Press, 2017：966-973.

[34] SONG H, LEE J G, HAN W S. PAMAE：Parallel k-medoids clustering with high accuracy and efficiency [C]// Proceedings of the 23rd ACM SIGKDD International Conference on Knowledge Discovery and Data Mining, August 13－17, 2017, Halifax, NS, Canada. New York：ACM Press, 2017：1087-1096.

[35] RIEDY E J, MEYERHENKE H, EDIGER D, et al. Parallel community detection for massive graphs [C]//International Conference on Parallel Processing and Applied Mathematics：Lecture Notes in Computer Science 7203, September 11－14, 2011, Torun, Poland. Berlin：Springer, 2011：286-296.

[36] LIAO W, CHOUDHARY A. Parallel community detection algorithm using a data partitioning strategy with pairwise subdomain duplication [C]//High Performance Computing-31st International Conference, ISC High Performance 2016：Lecture Notes in Computer Science 9697, June 19-23, 2016, Frankfurt, Germany. London：Springer, 2016：98-115.

[37] ZENG J, YU H. A study of graph partitioning schemes for parallel graph community detection [J]. Parallel Computing, 2016, 58：131-139.

[38] YE Q, WU B, WANG B. Jsnva：AJava straight-line drawing framework for network visual analysis [C]//Proceedings of the International Conference on Advanced Data Mining and Applications：Lecture Notes in Computer Science 5139, October 8-10, 2008 Chengdu, China. Berlin：Springer, 2008：667-674.

[39] LI Y, HE K, KLOSTER K, et al. Local spectral clustering for overlapping community detection [J]. ACM Transactions on Knowledge Discovery from Data, 2018, 12 (2)：17.

[40] PALLA G, DERÉNYI I, FARKAS I, et al. Uncovering the overlapping community structure of complex networks in nature and society [J]. nature, 2005, 435 (7043): 814.

[41] GREGORY S. Finding overlapping communities in networks by label propagation [J]. New Journal of Physics, 2010, 12 (10): 103018.

[42] HUANG J, SUN H, HAN J, et al. Density-based shrinkage for revealing hierarchical and overlapping community structure in networks [J]. Physica A: Statistical Mechanics and its Applications, 2011, 390 (11): 2160-2171.

[43] AHN Y Y, BAGROW J P, LEHMANN S. Link communities reveal multiscale complexity in networks [J]. nature, 2010, 466 (7307): 761.

[44] EVANS T, LAMBIOTTE R. Line graphs, link partitions, and overlapping communities [J]. Physical Review E, 2009, 80 (1): 016105.

[45] SUN B J, SHEN H W, CHENG X Q. Detecting overlapping communities in massive networks [J]. Europhysics Letters, 2014, 108 (6): 68001.

[46] ZHANG H, NIU X, KING I, et al. Overlapping community detection with preference and locality information: a non-negative matrix factorization approach [J]. Social Network Analysis and Mining, 2018, 8 (1): 43.

[47] BAI X, YANG P, SHI X. An overlapping community detection algorithm based on density peaks [J]. Neurocomputing, 2017, 226: 7-15.

[48] HAMILTON W, YING Z, LESKOVEC J. Inductive representation learning on large graphs [C]//Advances in Neural Information Processing Systems 30: Annual Conference on Neural Information Processing Systems 2017, December 4-9, 2017, Long Beach, CA, USA. 2017: 1024-1034.

[49] THANG N D. Community detection in large-scale networks [D]. Vietnam: ThangLong University, 2017: 1-35.

[50] YANG J, LESKOVEC J. Overlapping community detection at scale: a nonnegative matrix factorization approach [C]//Proceedings of the sixth ACM international conference on Web search and data mining, February 4-8, 2013, Rome, Italy. New York: ACM Press, 2013: 587-596.

[51] LANCICHINETTI A, FORTUNATO S, KERTESZ J. Detecting the overlapping and hierarchical community structure in complex networks [J]. New journal of physics, 2009, 11 (3): 033015.

[52] SHEN H, CHENG X, GUO J. Quantifying and identifying the overlapping community structure in networks [J]. Journal of Statistical Mechanics: Theory and Experiment, 2009 (07): P07042.

第9章 基于社区发现的交叉研究

9.1 概述

一个社会网络就是一群人或团体按某种关系连接在一起而构成的一个系统。这里的关系可以多种多样，如个人之间的朋友关系、同事之间的合作关系、公司之间的商业关系，等等。社区分析不仅仅局限于社区发现。社区分析的基本理论与方法已经在前几章有所介绍，本章将重点介绍社区分析与其他领域交叉研究，其中一些研究不仅在社会学上具有重要影响，而且对网络科学的发展和普及都起到了积极的推动作用。本章重点介绍社区分析的情感研究、社区分析在推荐系统的应用及其他研究，帮助读者拓展对社区分析与其他领域结合的相关知识及应用。

9.2 基于社交网络社区的组推荐框架

随着 Web 2.0 技术的快速发展，用户接入互联网后更倾向于在诸如 Epinions，Ciao，豆瓣，大众点评等针对商品、服务的在线评价网站寻求购买意见和建议，以帮助他们选择适合的商品、服务等项目（如电影、音乐、餐厅等，以下的"项目"均指商品或服务）。根据用户以往对项目的评分和评价信息，针对个人的个性化推荐系统能够为用户提供他们所感兴趣的项目。在现实世界中，个人因不同原因聚集而形成群组。尽管有大量面向个人的个性化推荐研究，但针对群体进行推荐的研究还较少。此外，针对用户群组的组推荐也有其实际意义[1]。根据研究[2-3]，组推荐主要面临两大问题：一是如何定义"群组"的概念并确定群组；二是如何根据每个用户的个人偏好进行适当的聚合而完成向用户群组推荐。

第 1 个问题可理解为对用户的"分组策略"，现有方案大致可分为 3 种：①根据用户的角色身份，形成固定用户群组[2,4-5]，如朋友、家人等，或组成临时用户群组[6-7]，如在同一固定时间正在健身房运动的顾客等。②随机形成的用户群组[8-9]，如收听音乐直播的人，成员可随意加入或退出群组。③根据一定规则确立的群组[10-11]，如根据用户对项目喜好形成的兴趣群组。确定群组方法的不同，影响着对用户组进行推荐的有效程度。当前研究中的大多数分组策略，都或多或少存在着可解释性差的问题。

第 2 个问题可理解为对群组内用户进行 "推荐决策"。基于用户偏好，即用户对项目的评分，针对个人的个性化推荐方法有基于内容的[12]，基于协同过滤的[13-14]，以及利用社交信息改进推荐效果的[15-16]等。而在组推荐中，同一群组中不同用户对同一项目可能有不同的偏好[2]。因此，需要通过一种映射方法，将多个用户的偏好信息映射为用户群组偏好，即制定对群组内用户偏好的 "聚合策略"。常用的聚合策略有平均策略、随机策略、最小痛苦策略等[11]。此外，如前所述，不同的分组策略也会导致不同的聚合策略。

针对群组推荐中这两个问题，本章提出了一种基于社交网络社区的组推荐框架。框架将利用社交网络结构信息发现的重叠网络社区确认为用户群组，并根据每个用户在不同社区中的贡献与获利程度提出 4 种策略，最后由聚合策略和分配策略给出面向群组的推荐结果。

当前，互联网中很多在线评价网站都允许用户间建立关系，如 "关注" 或 "信任"。基于用户关系，一些针对个人的个性化推荐系统利用社交信息达到较好的推荐效果[15-16]。根据用户关系网络，连接紧密的用户自然而然地聚集在一起形成用户组，不同用户组间连接稀疏，从而形成社区结构[17]。这种由社交网络关系形成的社区结构，是一种天然的分组方式，具有很好的可解释性。因此，本书提出的采用社交网络结构信息发现的重叠网络社区确认为用户群组的方法，具备较好的可解释性；结合重叠分组的特性，可以为组推荐提供多种具有合理解释的聚合及分配策略。实验表明，本书提出的框架在用户关系信息稠密的情况下，能达到更好的组推荐效果。

9.2.1 组推荐问题定义

在组推荐中，推荐系统需要完成两方面的任务，即有意义地完成用户分组并向不同用户群组有效地推荐项目。以往的组推荐研究仅利用了用户对项目的评分去完成这两个任务。值得注意的是，众多在线评价网站引入了社交网络模块，允许用户间建立关系。根据网络社区理论，网络社区是用户在社交网络中天然形成的群组，其中也蕴含着用户与用户间、用户与社区间、社区与社区间的深层次互联关系。

因此，在基于社交网络的组推荐中，可利用的信息有用户对项目的评分和用户社交关系网络。以 m 和 n 表示用户数和项目数。用户对项目的评分通常以评分矩阵 $R = (r_{ij})_{m \times n}$ 表示，其中 r_{ij} 是用户 p_i 对项目 q_j 的评分，$r_{ij} = 0$ 表示缺失数据。用户间关系网络通常以邻接矩阵 $G = (g_{ij})_{m \times m}$ 表示，其中 g_{ij} 代表用户 u_i 和 u_j 的关系。若用户 u_i 和 u_j 是朋友关系，定义 $g_{ij} = 1$，否则 $g_{ij} = 0$。为简化问题，本书仅考虑了对称的用户关系网络。图 9-1 展示了一个基于社交网络的组推荐示例的用户关系网络，其具有 5 个用户；表 9-1 是其关系网络的邻接矩阵，表 9-2 是他们对 5 个项目的评分。这 5 个用户形成 2 个重叠分组，分别是｛用户 1,用户 2,用户 3｝和｛用户 2,用户 4,用户 5｝，用户 2 同时归属于两个社区分组。

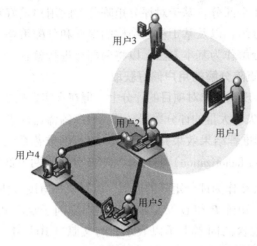

图 9-1　基于社交网络的组推荐示例的用户关系网络

表 9-1　图 9-1 中用户关系网络的邻接矩阵

	用户 1	用户 2	用户 3	用户 4	用户 5
用户 1	0	1	1	0	0
用户 2	1	0	1	1	1
用户 3	1	1	0	0	0
用户 4	0	1	0	0	1
用户 5	0	1	0	1	0

表 9-2　图 9-1 中用户对项目的评分矩阵（采用了 5 分制）

	用户 1	用户 2	用户 3	用户 4	用户 5
用户 1	3	0	4	0	0
用户 2	3	0	4	0	4
用户 3	2	2	5	0	3
用户 4	0	4	3	3	4
用户 5	3	0	4	3	3

本书所研究的组推荐问题即：根据评分矩阵 R 获得用户偏好；根据邻接矩阵 G，获得基于社交网络社区的用户分组 U；根据分组 U 中用户对所属社区的贡献和获利程度，提出基于关系网络结构信息的聚合策略和分配策略；根据聚合和分配策略，由用户偏好完成对群组的推荐，产生预测的评分矩阵 $\hat{R}$。

9.2.2 基于社交网络社区的组推荐框架

针对 9.2.1 节提出的组推荐问题，本节提出了一种基于社交网络社区的组推荐框架，包含以下 3 个部分：基于对评分矩阵分解的用户偏好获取，基于重叠网络社区发现的用户分组，以及基于社区结构的聚合和分配策略。其中前两个部分均采用了非负矩阵分解作为基本方法，以将两部分进行整合。

1. 基于对评分矩阵分解的用户偏好获取

用户偏好直接体现在用户对项目的评分上。但在真实数据中，评分矩阵存在大量的"零值"，即缺失了大量的评分数据，具有很高的稀疏性[18]。因此，采用评分矩阵作为用户偏好的推荐结果效果并不好[10]。流行的推荐系统通常采用低秩矩阵分解（low rank matrix factorization）将评分矩阵 R 分解为两个低秩矩阵 P 和 Q，通过这两个矩阵的乘积 $\hat{R}$ 作为评分矩阵的近似，以对缺失值进行估计[19]。

值得注意的是，矩阵 P 和 Q 又分别代表用户隐因子矩阵和项目隐因子矩阵，即将用户的评分在隐含的因素上予以表示。与文献 [10] 中方法类似，本节采用矩阵分解的方法获得用户偏好，即以矩阵 P 的行向量（隐式偏好）来表示。为结合采用基于非负矩阵分解的重叠网络社区发现来进行用户分组的方法，本节使用非负矩阵分解（non-negative matrix factorization）得到分解矩阵，即可在最小化以下目标函数时得到：

$$l = \frac{1}{2} \| R - | PQ^{\mathrm{T}} | \|_F^2 + \frac{\lambda_P}{2} \| P \|_F^2 + \frac{\lambda_Q}{2} \| Q \|_F^2 \tag{9-1}$$

$$\text{s. t. } P \geqslant 0, \ Q \geqslant 0$$

其中，$\| \cdot \|_F$ 是 Frobenius 范数，矩阵 P 和 Q 分别为 $m \times f$ 和 $n \times f$ 的用户隐因子矩阵和项目隐因子矩阵，f 是隐因子的数量，λ_P 和 λ_Q 是防止过拟合的参数。公式（9-1）中的目标函数可以通过乘法更新规则迭代得到。根据文献 [20] 中的方法，得到更新矩阵 P 和 Q 的规则：

$$P_{ik} \leftarrow P_{ik} \sqrt{\frac{[RQ]_{ik}}{[PQ^{\mathrm{T}} + \lambda_P P]_{ik}}} \tag{9-2}$$

$$Q_{jk} \leftarrow Q_{jk} \sqrt{\frac{[R^{\mathrm{T}} P]_{ik}}{[QP^{\mathrm{T}} + \lambda_Q Q]_{jk}}} \tag{9-3}$$

其中，$[\cdot]_{ij}$ 和 $\cdot_{ij}$ 表示相应矩阵的第 i 行、第 j 列的元素。式（9-2）和式（9-3）的正确性和收敛性可以通过满足 KKT 条件来进行证明，证明过程与文献 [20] 中所述相似，本节不再赘述。基于对评分矩阵分解的用户偏好获取算法如算法 9-1 所示。在算法中，更新矩阵 P 时保持矩阵 Q 不变，更新矩阵 Q 时保持矩阵 P 不变。

算法 9-1　基于对评分矩阵分解的用户偏好获取算法 getUserPref( )

输入：用户评分矩阵 R，隐因子数量 f，规则化参数 λ_P 和 λ_Q

输出：用户隐式偏好矩阵 P，项目隐因子矩阵 Q

将矩阵 P 和 Q 以非负随机数初始化

while 未收敛 do

　　根据式（9-2）更新矩阵 P

　　根据式（9-3）更新矩阵 Q

end while

return $[P, Q]$

---

2. 基于重叠网络社区发现的用户分组

在可通用化的用户定义分组研究中，文献 [10] 采用 k-means 将用户偏好进行聚类而得到用户分组；虽然这种分组可解释为基于用户兴趣的社区，但具有一定的模糊性。文献 [21] 采用由用户相似性生成的网络结构发现兴趣群组；但这种方法未考虑社交网络中真实存在的用户关系网络，因此其得到的分组意义仍不明确。如前所述，用户在社交网络中通过用户关系天然聚集形成社区，即分组。这种社区结构可以认为是一种具有良好解释意义的分组。因此，本节所研究的基于社交网络的组推荐，将社交网络社区发现作为分组策略。

与基于对评分矩阵分解的用户偏好获取目的相似，本节采用了非负矩阵分解来发现重叠社区结构，这样，非负矩阵分解技术有机地将组推荐框架整合起来。这种方法发现的分组具有重叠结构。即某个用户可以同时归属于多个分组，这也与现实情况相同，即某个用户拥有多种兴趣或属于多个真实群体。

研究表明，非负矩阵分解在重叠社区发现任务上具有很好的准确性[22]和良好的解释性[23]。给定用户关系邻接矩阵 G，通过最小化以下目标函数进行矩阵分解，可以得到一个网络划分（分组）结果。

$$l = \frac{1}{2} \| G - UU^{\mathrm{T}} \|_F^2, \text{ s.t. } U \geqslant 0 \tag{9-4}$$

其中，矩阵 U 是 $m \times d$ 的网络分组隶属度矩阵，d 是分组数量。与式（9-4）不同，本节加入了可调节所发现网络社区重叠程度的参数，修改后的目标函数为：

$$l = \frac{1}{2} \| G - UU^{\mathrm{T}} \|_F^2 + \frac{\lambda_{UU}}{2} \| UU^{\mathrm{T}} - I \|_F^2, \text{ s.t. } U \geqslant 0 \tag{9-5}$$

其中，I 是单位矩阵。式（9-5）中第 2 个规则化项用来控制所发现分组的重叠程度。对于重叠分组划分来说，U 的内积即 $U^{\mathrm{T}}U$ 是对角占优矩阵；对于没有重叠结构的划分来说，该内积则是对角矩阵。引入参数 λ_{UU}，当 $\lambda_{UU} = 0$ 时，使社区分组结果是最大程度重叠的；当 $\lambda_{UU} > 0$ 且增大时，使 $U^{\mathrm{T}}U$ 更逼近对角矩阵，划分的结果逐渐变得不重叠。式（9-5）的更新规则见式（9-6）。算法9-2列出了用户分组算法。

$$U_{ik} \leftarrow U_{ik} \sqrt{\frac{[GU + \lambda_{UU}U]_{ik}}{[UU^{\mathrm{T}}U + \lambda_{UU}UU^{\mathrm{T}}U]_{ik}}} \qquad (9\text{-}6)$$

算法9-2　基于重叠网络社区发现的用户分组算法 partGroup( )

输入：用户关系网络邻接矩阵 G，社区分组数量 d，规则化参数 λ_{UU}

输出：用户网络分组隶属度矩阵 U

将矩阵 U 以非负随机数初始化

while 未收敛 do

　　根据式（9-6）更新矩阵 U

end while

return U

3. 基于社区结构的聚合和分配策略

已有研究中通常仅对用户偏好进行聚合生成群组推荐结果，如采用平均策略、随机策略等[11]，如文献［10］验证了平均策略在组推荐中的效果。基于其工作，本文提出了一些用于组推荐的聚合策略。

一般来说，社交网络用户在群组决策中具有不同的影响力。不仅不同用户在同一群组中的影响力不同，同一用户在不同群组中的影响程度也是不同的。并且，在考虑对用户偏好进行聚合的同时，同样应考虑聚合结果对用户选择的最终影响。例如，一组基于朋友关系的用户，经讨论决定选择一部电影。其中，有的用户是大多数人的朋友，对选择结果影响很大，而有的用户仅是少部分人的朋友，对最终选择的影响很小。因此，本节提出采用分配策略，对聚合结果进行再分配，从而达到更好的组推荐效果。本节所提出的聚合及分配策略，均结合了重叠网络社区分组信息中每个用户与社区分组间的隶属度。

若行向量 $P_{u_j} = [p_{u_j1}, p_{u_j2}, \cdots, p_{u_jk}]$ 表示用户 u_j 的偏好，其中 p_{u_jr} 表示用户 u_j 在第 r 个方面的偏好或兴趣。以用户隐式偏好为例，用户 u_j 在 k 个隐因子的偏好即为长度为 k 的向量 P_{u_j}。若行向量 $P_{c_i} = [p_{c_i1}, p_{c_i2}, \cdots, p_{c_ik}]$ 表示群组 c_i 的偏好，其中群组 c_i 包含 g 个用户 $\{u_1, u_2, \cdots, u_g\}$。偏好聚合即通过某个函数 $F(\cdot)$，使 $P_{c_i} = F(P_{u_1}, P_{u_2}, \cdots, P_{u_g})$。若行向量 $\widehat{P}_{u_j} = [\hat{p}_{u_j1}, \hat{p}_{u_j2}, \cdots, \hat{p}_{u_jk}]$ 表示对用户 u_j 的组推荐预测结果，而用户 u_j 隶属于一组社区 $\{c_1, c_2, \cdots, c_s\}$，则偏好分配即通过某个函数 $F'(\cdot)$，使 $P_{u_j} = F'(P_{c_1}, P_{c_2}, \cdots, P_{c_s})$。

采用非负矩阵分解作为用户分组方法的一个重要原因是，如式（9-4）所示，矩阵 U 可以表示用户在重叠分组上的隶属度：其列向量表示每个用户对某分组贡献的程度，行向量表示某个用户从重叠分组获利的程度。这种隶属度可衡量一个用户在其所属群组中的"参与强度"（在文献 [23] 中称为"participation strength"），可视作用户对分组的贡献和从分组的获利。从重叠分组隶属度的角度，本节给出了一组聚合与分配策略：

① 分组平均策略。在聚合时，对分组内每个用户的偏好进行平均；在分配时，将某用户所属的重叠群组偏好平均分配给该用户。这种策略，平均看待每个分组内的用户对群组偏好的贡献，并将每个用户所属的重叠分组的偏好平均地分配给该用户。

② 分组贡献策略。在聚合时，考虑分组内每个用户不同的贡献程度；在分配时，将某用户所属的重叠群组偏好平均分配给该用户。由于每个用户属于每个分组的隶属度不同，"分组贡献策略"以其作为权重，将每个分组内的用户偏好进行加权平均后作为该分组的群组偏好。

③ 分组获利策略。在聚合时，对分组内每个用户的偏好进行平均；在分配时，考虑用户从一个或多个不同分组的获利程度。与"分组贡献策略"类似，"分组获利策略"将每个用户所属的重叠分组的偏好进行加权平均后分配给该用户。

④ 分组权重策略。在聚合时，考虑分组内每个用户不同的贡献程度；在分配时，考虑用户从一个或多个不同分组的获利程度。

4. 基于社交网络社区的组推荐框架

基于前述 3 个部分，即基于对评分矩阵分解的用户偏好获取，基于重叠网络社区发现的用户分组，以及基于社区结构的聚合和分配策略，本节提出的基于社交网络社区的组推荐框架可通过算法 9-3 所示的算法表示，以下用 SocoGrec 表示该框架。此外，本节所提出的框架也可以整合更多的聚合和分配策略。

算法 9-3　基于社交网络社区的组推荐框架 SocoGrec( )

输入：用户评分矩阵 R，关系网络邻接矩阵 G，隐因子数量 f，社区分组数量 d，规则化参数 λ_P，λ_Q 和 λ_{UU}，策略 method

输出：预测评分矩阵 $\hat{R}$

U←partGroup(G,d,λ_{UU})

[P,Q]←getUserPref(R,f,λ_P,λ_Q)

初始化贡献矩阵 U_C 和获利矩阵 U_B，矩阵大小与 U 相同

switch（ method ）

case 分组平均策略：

　　$U_{C_{ij}}$←1，如果 $U_{ij}>0$；0，其他。将 U_C 按列标准化

　　$U_{B_{ij}}$←1，如果 $U_{ij}>0$；0，其他。将 U_B 按行标准化

---

case 分组贡献策略：

　　将 U_C 按列标准化

　　$U_{B_{ij}} \leftarrow 1$，如果 $U_{ij} > 0$；0，其他。将 U_B 按行标准化

case 分组获利策略：

　　$U_{C_{ij}} \leftarrow 1$，如果 $U_{ij} > 0$；0，其他。将 U_C 按列标准化

　　将 U_B 按行标准化

case 分组权重策略：

　　将 U_C 按列标准化

　　将 U_B 按行标准化

end switch

$\hat{R} \leftarrow U_B U_C^T P \ Q^T$

return $\hat{R}$

9.2.3　实验结果与分析

1. 数据集

选取的可公开获取的数据集 FilmTrust 和 CiaoDVD[24]，均含有用户关系网络和用户评分数据。

① FilmTrust 是一个允许用户对电影进行评分，并可以与其他用户建立信任关系的在线网站数据。用户间的信任关系形成了社会信任网络，表示了用户与用户的关系。

② CiaoDVD。Ciao 是一个在线商品评价网站，也引入了社会信任关系网络。其中，CiaoDVD 是包含在 "DVD" 分类下的用户评分，数据集中包含了用户信任关系。

为了较为准确地发现社区分组，实验选取了公开数据集的子集。即所用数据集的用户既拥有评分信息，也拥有社交网络关系；没有任何评分或没有任何社交关系的用户则被排除。数据集特征如表 9-3 所示。

表 9-3　数据集特征

	FilmTrust	CiaoDVD
用户数量	427	733
项目数量	1 827	10 305
评分数量	11 848	19 621
评分矩阵稀疏度（%）	98.48	99.74
用户关系数量	807	23 582
用户关系网络密度	0.008 9	0.087 9

2. 对比方法及实验设置

LGM 方法[10]通过对用户隐式偏好采用 k-means 方法进行聚类得到隐式分组，并将群组内所有用户偏好进行平均作为群组偏好。其应用场景与本书类似，且都利用了用户对项目的评分矩阵来提取信息，如用户偏好。因此，实验中将 LGM 方法与本书所提框架中的 4 种策略方法进行比较。

对比实验采用了 5-折交叉验证方法，被随机平均分为 5 份的数据中，4 份作为训练集，1 份作为测试集。由于隐因子数量一般不会对推荐效果产生较大影响，因此在实验中，设置隐因子的数量为 $f = 10$。以最小取 1，最大取数据集内用户个数，FilmTrust 数据集的分组数量分别设定为 $\{1, 5, 10, 20, 100, 200, 427\}$，CiaoDVD 数据集的分组数量设定为 $\{1, 10, 20, 100, 200, 500, 733\}$。对于 SocoGrec，设定 $\lambda_{UU} = 0$，以保证分组发现结果是以最大程度重叠的。简单起见，防止过拟合的规则化项参数 λ_P 和 λ_Q 均设置为 0.01。在实验中，将本文提出的 4 种策略分别表示为 SocoGrec-M，SocoGrec-C，SocoGrec-B 和 SocoGrec-W。

3. 评价指标

本节选取了绝对平均误差（mean absolute error，MAE）作为评价指标，其定义如下：

$$\text{MAE} = \frac{1}{N} \sum_{i,j} |r_{ij} - \hat{r}_{ij}| \tag{9-7}$$

其中，r_{ij} 表示了原始数据集中所观测到的用户 i 对项目 j 的评分，$\hat{r}_{g_{ij}}$ 是用户 i 在组推荐系统中给予项目 j 的预测评分，N 是作为测试集的评分数量。由其定义可知，指标 MAE 越小，则所预测的推荐结果越准确。

4. 实验结果与讨论

（1）在数据集 FilmTrust 上的对比结果

在数据集 FilmTrust 上的对比结果如表 9-4 所示。从结果可以看出 SocoGrec 所提出的 4 种策略方法的评价指标 MAE 随着分组数量的增加而降低。SocoGrec-B 和 SocoGrec-W 的效果总是比 SocoGrec-M 和 SocoGrec-C 要好。SocoGrec-B 总是比 SocoGrec-C 效果好，在一些分组数量时比 SocoGrec-W 效果好。也就是说，在采用平均的聚合策略情况下，考虑用户从一个或多个分组中的获利程度更能提高推荐预测的效果；与 SocoGrec-B 相比，同时考虑了用户对分组贡献和从分组获利的 SocoGrec-W 效果与其相近，也说明了在数据集 FilmTrust 上，与带权重的聚合策略相比，采用带权重的分配策略使推荐预测效果提升更多。对比方法 LGM 的评价指标 MAE 则随着分组数量的增加而上升，直到其效果变得比 SocoGrec 更差。值得注意的是，当分组数量为 1 时，LGM 仅对数据集中所有用户的偏好进行平均，而 SocoGrec 仍然考虑了用户与群组间的贡献与获利程度，具有较好的解释性；尽管此时 SocoGrec 的评价指标并不比 LGM 好。

表 9-4　在数据集 FilmTrust 上组推荐算法的 MAE 对比

用户社区分组数量	SocoGrec-M	SocoGrec-C	SocoGrec-B	SocoGrec-W	LGM
1	1.526 74	1.525 93	1.324 01	1.322 67	0.955 36
5	1.416 79	1.420 74	1.327 21	1.331 80	1.001 21
10	1.389 19	1.392 89	1.322 03	1.325 10	1.028 64
20	1.320 06	1.321 69	1.315 16	1.313 47	1.038 51
100	1.162 78	1.163 93	1.132 23	1.131 00	1.069 32
200	1.057 52	1.070 85	1.044 16	1.053 44	1.057 65
427	1.018 65	1.020 86	1.019 73	1.015 58	1.060 85

（2）在数据集 CiaoDVD 上的对比结果

在数据集 CiaoDVD 上的对比结果如表 9-5 所示。与在 FilmTrust 数据集上的结果类似，随着分组数量的增加，SocoGrec 的预测效果变好，而 LGM 的预测效果则变差。然而与之不同的是，在 CiaoDVD 数据集上，SocoGrec 提出的 4 种策略的 MAE 指标总是优于 LGM 方法；随着分组数量的增加，策略 SocoGrec-M 和 SocoGrec-B 改善较大，而 SocoGrec-C 改善较小，SocoGrec-W 的效果几乎不变，而且 SocoGrec-C 总是优于 SocoGrec-B。即在 CiaoDVD 数据集上，与带权重的分配策略相比，采用带权重的聚合策略使推荐预测效果提升更多。在两种数据集上产生不同效果的原因可能在于，尽管两个数据集的评价稀疏度相近，但用户关系网络稠密程度相差了一个数量级（参考表 9-3）。这也说明了用户关系网络的稠密程度对几种 SocoGrec 策略的影响是不同的，关系网络更稠密，本书所提出的组推荐框架能够获得更好的效果。

表 9-5　在数据集 CiaoDVD 上组推荐算法的 MAE 对比

用户社区分组数量	SocoGrec-M	SocoGrec-C	SocoGrec-B	SocoGrec-W	LGM
1	2.006 83	1.993 14	1.998 68	1.984 87	1.997 28
10	1.991 81	1.985 98	1.991 09	1.985 65	2.026 20
20	1.992 18	1.984 99	1.992 34	1.985 01	2.034 98
100	1.988 77	1.985 74	1.989 48	1.984 95	2.067 30
200	1.987 81	1.986 44	1.987 11	1.984 90	2.063 14
500	1.986 58	1.986 71	1.987 14	1.986 85	2.077 13
733	1.986 27	1.985 62	1.987 30	1.985 46	2.079 81

（3）在数据集 FilmTrust 上重叠分组的影响

值得注意的是，由于分组可以重叠，本书所提出的框架允许分组数量多于用户数量。从图 9-2 中可以看出，在数据集 FilmTrust 上，重叠分组对组推荐影响是较大的。首先，一旦分组数量增加，对比方法 LGM 的效果迅速变差；SocoGrec 策略则逐渐变好，分组数量升至约 170 至 190 后，其效果比 LGM 方法好。其次，SocoGrec-M 与 SocoGrec-C 的效果相近，SocoGrec-B 与 SocoGrec-W 效果相近，再次，印证了前述对几种策略效果的讨论。最后，基于非负矩阵分解，本书所提出的框架可以发现重叠分组，具有一定的现实意义。

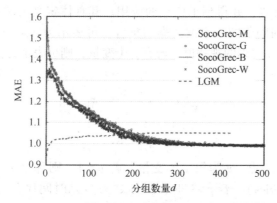

图 9-2　不同社区分组数量在数据集 FilmTrust 上的算法的 MAE 对比

9.2.4　本节小结

本节提出了一种基于社交网络社区的组推荐框架。框架采用非负矩阵分解方法将用户偏好获取与用户分组有机地整合起来，并利用用户–分组隶属度制定了相应的偏好聚合与分配策略。与现有方法的对比实验展示了该框架的优越性和有效性。此外，该框架在获取用户偏好、确定分组，以及聚合与分配策略方面具有良好的解释性。并且，该框架可以发现重叠分组，对分组定义和组推荐都有一定的现实意义。

基于本节的研究，未来可以针对以下几点进行扩展工作。可将框架适配到有向网络、双向网络，使分组策略、聚合与分配策略可利用更丰富的用户关系信息，进一步改善组推荐效果。其次，可引入其他聚合与分配策略。另外，本节使用乘法更新来进行非负矩阵分解，实际实现中包含大量耗时的矩阵乘法运算，因此可以采用其他算法时间复杂性较低的非负矩阵分解方法或将算法并行化，以提高框架算法运行效率。

9.3　基于社区分析的情感研究

9.3.1　基于多元情感行为时间序列的社交网络用户聚类分析

近年来，社交网络的蓬勃发展吸引了海量的用户，这些用户无时无刻不在传播和表达着各种各样的信息，而这些信息也包含了用户多样的情感。这些多样的情感对网络世界和真实世界都有着重要影响。研究者们已经注意到关于社交网络用户情感行为研究的重要意义，并产生了诸多成果。

1. 多元情感时间序列构建

时间序列（time series）在商业、经济、科学观测等各个领域普遍存在，如医疗、传媒、金融等，并得到了广泛的应用。其具体定义为按照时间顺序排列的、具有相等时间间隔的一系列数据的集合。可表示为 $X = <x_1, \cdots, x_j, \cdots, x_n>$，其中 x_j 为变量 X 在 j 时刻的观测值。若有 p 个变量，则可表示为：

$$X = \begin{array}{c} \\ v_1 \\ \vdots \\ v_p \end{array} \begin{array}{ccc} t_1 & \cdots & t_n \\ x_{11} & \cdots & x_{1n} \\ \vdots & & \vdots \\ x_{p1} & \cdots & x_{pn} \end{array} \qquad (9\text{-}8)$$

其中 t_i 为第 i 个时间点，v_i 为第 i 个变量。若 $p = 1$，则称之为单变量时间序列（univariate time series），若 $p > 1$ 时，则称之为多元时间序列（multivariate time series，MTS）。时间序列通常由 $p \times n$ 矩阵表示，即 $X = (x_{ij})_{p \times n}$。

时间序列具有数据规模大、维数高、噪声干扰和结构复杂等特点，若直接针对原始序列进行数据挖掘，不仅在计算和存储上要花费高昂代价，并且有可能因数据受到噪声干扰等因素而产生误差。因此，国内外学者近年来使用了多种方式来表示时间序列，其中典型的时间序列表示方法有：离散傅立叶变换（DFT）、离散小波变换（DWT）、分段线性表示法（PLR）、主成分法（PCA）等。这些方法可以看作是时间序列的一种降维技术，有些文献也称之为数据压缩、序列变换等。其有以下优点：①提取序列主要特征，更好描述时间序列变化趋势；②降低数据维数，提高查询效率；③剔除噪声干扰和数据冗余，提高算法准确性和可靠性。

情感计算的本质是对人类的情感表达的度量，它包含了对情感表达强度和尺度的度量。社交网络中的用户可通过多种方式表达情感，如文本、符号、图片等。其中关于文本情感挖掘有许多出色的研究，如针对英文文本情感分析的ANEW 模型、针对中文文本情感分析的 RostEA 方法，以及 OpinionFinder 工具等。Bollen J 等人在 2010 年曾提出了 GPOMS 模型，该模型可以从 6 种尺度度量文本的情感内容，其分析对象主要是英文文本。情感计算在中文处理方面也有许多相关研究。

社交网络中的用户每时每刻都可表达他们多样的情感行为。利用提出的多元情感向量提取方法，向量 $\boldsymbol{\beta}_j = (e_{\text{happy}} e_{\text{good}} e_{\text{sorrow}} e_{\text{anger}} e_{\text{fear}} e_{\text{hate}} e_{\text{shock}})$ 可以被提取出来用以表示微博的多元情感。如果以天为时间单位，对某个用户每天的聚合微博提取出的情感向量做排列，则可以得到一个多元情感时间序列（multivariate emotion time series，METS)，其可表示为:

$$METS = (\beta_1, \cdots, \beta_j, \cdots, \beta_n) \tag{9-9}$$

可以设定社交网络每一个用户都拥有一个多元情感时间序列，且是唯一的。该序列反映了用户在一段时间内的情感波动和强度。

2. 用户群体多元情感聚类

由于用户群体多元情感聚类面临的是一组多元时间序列，所以使用主成分(PCA) 方法来代表多元情感时间序列，并计算两个序列之间的相似性。

PCA 方法是一种能够有效处理高维数据的多元统计方法。在 PCA 方法中，首先要寻找矩阵的主成分，可使用奇异值分解法 (SVD) 完成此任务。该方法是由 Korn 等人提出的一种基于统计概率分布投影的时间序列变换方法。

一般情况，每个社交网络的用户都有一个多元情感时间序列 (METS) 来描述情感行为，METS 可以被看为一个 $m \times n$ 的矩阵。A，B 分别为 $m \times n$ 的两个多元时间序列，m 为情感维数，n 为天数。设 a_i，b_i 为 m 维列特征向量，A，B 之间的扩展 Frobenius 范数 (PCA 相似性) 定义如下:

$$S_{PCA} = Eros(A, B, w) = \sum_{i=1}^{m} w_i | < a_i, b_i > | = \sum_{i=1}^{m} w_i |\cos \theta_i| \tag{9-10}$$

其中 $<a_i, b_i>$ 为 a_i，b_i 的内积，$\boldsymbol{w} = (w_1, w_2, \cdots, w_m)$ 为基于多元时间序列特征值所得出的权值向量，且 $\sum_{i=1}^{m} w_i = 1$。$\cos \theta_i$ 为 a_i，b_i 夹角余弦。S_{PCA} 度量了两个METS 的相似性，这是一种从情感波动角度的相似性。权重 w_i 应满足 $\sum_{i=1}^{m} w_i = 1$ 且 $w_i \geqslant 0$。

由于 $(\lambda_i^A, \lambda_i^B)$ 是协方差矩阵 (M_A, M_B) 的特征值，它们反映了多元情感时间序列主成分所包含的信息，所以定义权重 w_i 为:

$$w_i = \frac{w_i^{AB}}{\sum w_i^{AB}} \tag{9-11}$$

其中 $w_i^{AB} = 0.5(\lambda_i^A + \lambda_i^B)$。

事实上，仅仅使用 PCA 相似性是不足以度量两个用户的情感行为相似性的，需引入两个用户间的距离相似性以弥补这一缺陷。距离相似性计算主要基于两个时间序列之间的范数。A，B 之间的范数 $\phi_{AB} = \|A - B\|$，假设所有距离范数为正态分布，则距离相似性可被定义为:

$$S_{dist} = \sqrt{\frac{2}{\pi}} \int_{\phi}^{\infty} e^{-z^2/2} dz \tag{9-12}$$

显然 S_{dist} 介于 0，1 之间，此处使用马氏距离描述多元情感时间序列 A，B 之间的范数，其具体定义为:

$$\phi_{AB} = \sqrt{(C_A - C_B)^{\mathrm{T}} \sum_A^{*-1} C_A - C_B} \tag{9-13}$$

C_A，C_B 为序列 A，B 的中心点。$\sum_A^{*-1}$ 为 A 的协方差矩阵的伪逆矩阵。为描述社交网络中用户的情感行为相似性。PCA 相似性可度量用户间情感波动相似性，距离相似性可度量用户间情感强度相似性。距离相似性度量是对 PCA 相似性的有益补充，将二者结合如下，使用 SF 这种相似性度量代替了传统方法（如欧氏距离等）来计算矩阵相似程度：

$$SF = \alpha S_{\mathrm{PCA}} + (1-\alpha) S_{\mathrm{dist}} \quad (0 < \alpha < 1) \tag{9-14}$$

应注意到，每个社交网络用户都有一个 METS 以代表他们在网络中的情感行为，所以对所有 METS 进行聚类也就意味着对社交网络中所有用户进行聚类。

将 SF 引入到经典的 k-means 聚类方法，具体见算法 9-4。

算法 9-4　多元情感聚类算法

（1）在实验数据集中随机寻找 k 个 METS 作为中心点；

（2）利用 SF 计算数据集中所有 METS 与中心点的相似性，依据情感相似性最大规则对所有实验 METS 重新划分为 k 类；

（3）重新计算每一个类别中心点；

（4）对比新旧两个的聚类结果，如结果相同或者达到最大循环步骤则跳出，否则回到步骤（2）。

可使用这种方法对实验数据集中的用户群体进行情感聚类，并分析聚类结果。

9.3.2　社交网络情感社区发现研究

情感网络模型由两部分组成：一部分是以用户群体及他们之间的"关注"关系为基础所得到的用户情感网络；另一部分是以微博数据及它们之间的"转发"关系所得到的微博转发情感网络。其中用户情感网络用于发现情感社区，微博转发情感网络用于验证社区发现结果是否合理。构建过程如图 9-3 所示。

微博网络中的用户群体及用户之间"关注"关系可以构成一个有向无权图。然而仅仅使用该网络图是无法寻找网络用户群体的情感社区的。将这个有向无权网络重构为一个无向有权的情感网络是寻找情感社区问题的关键所在。

网络用户之间的多元情感行为相似性可以使用 SF 度量。利用 SF 值作为网络边权重，可构建出一个无向有权的用户情感网络 $G_{\mathrm{emotion}}(V, E_{\mathrm{followed}}, W_{\mathrm{emotion}})$，其中 V 是用户结点集合，E_{followed} 是基于"关注"关系所构成的网络边集合，而 W_{emotion} 是依据网络用户之间多元情感相似性得到的边权重集合。在此应注意到，由于需要构建一个无向有权情感网络，而原网络为有向网络，当两个用户结点之间即使

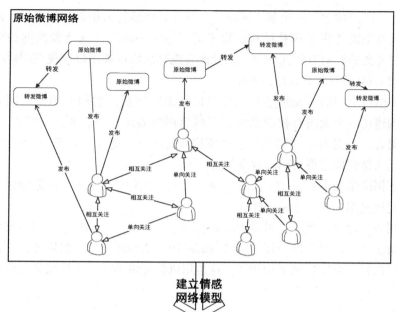

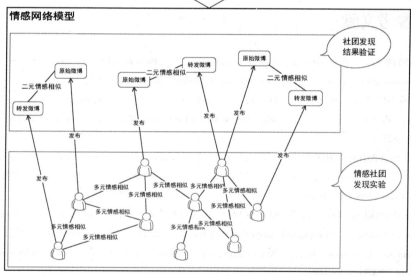

图 9-3　建立情感网络模型

仅仅具有"单向关注"关系，情感网络中也应该拥有一条边。两个相连用户结点 u_i 与 u_j 之间的情感权重则为两条有向边情感权重的均值。即 $w_{ij} = (\vec{w}_{ij} + \vec{w}_{ji})/2$，其中 $\vec{w}_{ij}$ 和 $\vec{w}_{ji}$ 分别为用户 u_i 与 u_j 之间的有向边权重。如果两个用户 u_i 与 u_j 之间仅仅具有单向关注关系，若 u_i 单向关注 u_j，则 $w_{ij} = \vec{w}_{ij}/2$。显然若 u_i 和 u_j 之间具有"关注"关系，二者之间定会有相应的情感权重，否则为 0。

至此，已经构建了一个基于网络用户间多元情感行为相似性的有权无向情感网络。该网络既考虑了拓扑结构，也考虑了用户一段时间内所发微博的情感内容。已有经典的针对有权无向网络的社区发现算法均可被用以发现该网络中情感社区，如 CNM 算法、BGLL 算法等。

网络微博之间的二元情感相似性可以使用 S_m 度量。利用 S_m 值作为网络边权重，可构建出一个无向有权的微博转发情感网络 $G_m(V_m, E_m, W_m)$，其中 V_m 是微博结点集合，E_m 是基于"转发"关系所构成的网络边集合，而 W_m 是依据微博之间的二元情感相似性得到的边权重集合。

情感网络模型由 $G_{emotion}(V, E_{followed}, W_{emotion})$ 和 $G_m(V_m, E_m, W_m)$ 两部分组成，两部分之间通过用户的发布关系相连。

利用 $G_m(V_m, E_m, W_m)$，可以来验证在 $G_{emotion}(V, E_{followed}, W_{emotion})$ 中所发现的用户群体情感社区是否合理。相同社区内部的用户之间转发的微博应该比不同社区之间用户的转发微博情感更加相似，这是用以验证情感社区发现结果是否合理的基础。

本章参考文献

[1] MASTHOFF J. Recommender systems handbook [M]. Boston, MA: Springer US, ch. Group Recommender Systems: Combining Individual Models, 2011: 677-702.

[2] JAMESON A and SMYTH B. The adaptive web: methods and strategies of web personalization [M]. Berlin, Heidelberg: Springer Berlin Heidelberg, ch. Recommendation to Groups, 2007: 596-627.

[3] AMER-YAHIA S, ROY S, CHAWLAT A, et al. Group recommendation: semantics and efficiency [J]. Proceedings of the VLDB Endowment, 2009, 2 (1): 754 - 765. doi: 10. 14778/1687627. 1687713.

[4] O'CONNOR M, COSLEY D, KONSTAN J, et al. ECSCW 2001: Proceedings of the seventh European conference on computer supported cooperative work 16-20 September 2001 [M]. Bonn, Germany. Dordrecht: Springer Netherlands, ch. PolyLens: A Recommender System for Groups of Users, 2001: 199-218.

[5] DE CAMPOS L M, FERNANDEZ-LUNA J M, HUETE J F, et al. Group recommending: a methodological approach based on bayesian networks [C]. IEEE 23rd International Conference on Data Engineering Workshop, Istanbul, Turkey, 2007: 835-844.

[6] O'HARA K, LIPSON M, JANSEN M, et al. Jukola: democratic music choice in a public space [C]. Proceedings of the 5th Conference on Designing Interactive Systems: Processes, Practices, Methods, and Techniques, New York, USA, 2004: 145-154.

[7] SPRAGUE D, WU F, TORY M. Music selection using the partyvote democratic jukebox [C]. Proceedings of the Working Conference on Advanced Visual Interfaces, New York, USA, 2008:

433-436.

[8] CHAO D L, BALTHROP J, FORREST S. Adaptive radio: achieving consensus using negative preferences [C]. Proceedings of the 2005 International ACM SIGGROUP Conference on Supporting Group Work, New York, USA, 2005: 120-123.

[9] MCCARTHY J F and ANAGNOST T D. Musicfx: An arbiter of group preferences for computer supported collaborative workouts [C]. Proceedings of the 1998 ACM Conference on Computer Supported Cooperative Work, New York, USA, 1998: 363-372.

[10] SHI J, WU B, LIN X. A latent group model for group recommendation [C]. 2015 IEEE International Conference on Mobile Services, New York, USA, 2015: 233-238.

[11] BALTRUNAS L, MAKCINSKAS T, and RICCI F. Group recommendations with rank aggregation and collaborative filtering [C]. Proceedings of the Fourth ACM Conference on Recommender Systems, New York, USA, 2010: 119-126.

[12] PAZZANI M J, BILLSUS D. The Adaptive web: methods and strategies of web personalization [M]. Berlin, Heidelberg: Springer Berlin Heidelberg, ch. Content-Based Recommendation Systems, 2007: 325-341.

[13] SHI Y, LARSON M, HANJALIC A. Collaborative filtering beyond the user-item matrix: a survey of the state of the art and future challenges [J]. ACM Computing Surveys, 2014, 47 (1): 1-45. doi: 10.1145/2556270.

[14] 王玉斌, 孟祥武, 胡勋. 一种基于信息老化的协同过滤推荐算法 [J]. 电子与信息学报, 2013, 35 (10): 2391-2396. doi: 10.3724/SP.J.1146.2012.01743.

[15] 邢星. 社交网络个性化推荐方法研究 [D]. 大连: 大连海事大学, 2013.

[16] 涂丹丹, 舒承椿, 余海燕. 基于联合概率矩阵分解的上下文广告推荐算法 [J]. 软件学报, 2013, 24 (3): 454-464. doi: 10.3724/SP.J.1001.2013.04238.

[17] GIRVAN M, NEWMAN M E. Community structure in social and biological networks [J]. Proceedings of the National Academy of Sciences, 2002, 99 (12): 7821-7826. doi: 10.1073/pnas.122653799.

[18] BORATTO L, CARTA S. Using collaborative filtering to overcome the curse of dimensionality when clustering users in a group recommender system [C]. Proceedings of 16th International Conference on Enterprise Information Systems, Lisbon, Portugal, 2014: 564-572.

[19] 方耀宁, 郭云飞, 丁雪涛, 等. 一种基于局部结构的改进奇异值分解推荐算法 [J]. 电子与信息学报, 2013, 35 (6): 1284-1289. doi: 10.3724/SP.J.1146.2012.01299.

[20] DING C, LI T, PENG W, et al. Orthogonal nonnegative matrix t-factorizations for clustering [C]. Proceedings of the 12th ACM SIGKDD International Conference on Knowledge Discovery and Data Mining, New York, NY, USA, 2006: 126-135.

[21] CANTADOR I, CASTELLS P. Extracting multilayered communities of interest from semantic user profiles: application to group modeling and hybrid recommendations [J]. Computers in Human Behavior, 2011, 27 (4): 1321-1336. doi: 10.1016/j.chb.2010.07.027.

[22] SHI X, LU H, HE Y, et al. Community detection in social network with pairwisely constrained symmetric non-negative matrix factorization [C]. Proceedings of the 2015 IEEE/ACM Interna-

tional Conference on Advances in Social Networks Analysis and Mining, Paris, France, 2015: 541-546.

[23] PSORAKIS I, ROBERTS S, EDBEN M, et al. Overlapping community detection using Bayesian non-negative matrix factorization [J]. Physical Review E, 2011, 83 (6): 066114. doi: 10.1103/PhysRevE. 83. 066114.

[24] LibRec. Datasets [OL]. http://www.librec.net/datasets.html, 2016.

第 10 章 总 结

作为一个新兴的研究领域，近几十年，网络科学已经取得了显著进展。目前，网络科学已经被应用到众多的领域，涉及物理、生物、社会等众多科学领域。在网络科学研究的众多问题中，社区发现是一个典型问题，也是一个热点问题。随着互联网、移动网络、物联网、社交网等技术的迅猛发展，人们获得了海量的、真实的网络数据。采用复杂网络建模数据，以数据对象为结点，数据对象之间联系为连边，可利用网络科学的方法分析这些网络，获得网络的宏观特征。若需进一步细化分析网络，则需要进行网络划分。而社区发现就是从不同角度进一步深刻理解网络的一种工具和方法，其指导人们设计网络、控制网络，并最终服务社会。本书的主要目的是总结目前社区发现及应用的成果，内容覆盖了网络构建、社区分析基本知识、非重叠社区发现方法、重叠社区发现方法、面向富信息网络的社区发现方法、基于表示学习的社区发现方法、大规模网络社区发现方法、基于社区发现的交叉研究等内容。

网络构建方法中首先介绍了直接观察方法，该方法是一种朴素方法，也是一种劳动密集型的研究方法，因此该方法的应用被局限于小团体中，主要针对的是在公共场所中有大量面对面交互的团体；然后介绍了基于多源数据的学术社交网络构建方法，多源数据融合是许多领域采用的方法，而利用多源数据构建网络可以使网络中包含更丰富的信息；然后介绍了基于视频的社交网络构建方法，视频中存在海量的社交关系，提取视频中的社交网络可以对真实世界中的网络提供补充的作用；最后介绍了基于文本的网络构建方法，文本是目前最广泛的表达信息的形式，其中蕴藏着实体之间的关联关系，提取文本中的实体及其关系是非常有社会和经济价值的，目前从文本中提取实体及其关系也是热点研究问题。

社区分析基本知识中首先介绍了大多学者承认的社区的非形式化定义，即内部连接紧密，外部连接稀疏的结点集合。其次介绍了社区发现方法的分类，根据网络结点是否属于多个社区，社区发现方法分为非重叠和重叠社区发现。然后介绍了社区发现中常用的经典数据集和人工数据集，其中，经典数据集包括 Karate Club、Dolphin 网络、DBLP 科研合作网络等，人工数据集包括了 GN 基准网络和 LFR 基准网络。最后介绍了评价社区发现方法的指标，包括模块度、正确率、Jaccard 系数等。

非重叠社区发现方法的研究由来已久，也有大量的研究成果。随着新的研究热点的出现，也有学者陆续提出相关的社区发现方法。本书主要介绍了基于网络模体的局部社区发现方法和基于种子结点扩张采样的社区发现方法。首先介绍了基于网络模体的局部社区发现方法，网络模体是网络中广泛存在的网络高阶结构，利用网络模体可以发现具有特定连接模式的社区。然后介绍了基于种子结点扩张采样的社区发现方法，种子结点扩张采样策略可以有效的保持社区结构，根据采样序列学习的结点表示可以有效的发现社区。

重叠社区发现方法章节中首先介绍了基于粗糙集的重叠社区发现方法，利用粗糙集刻画社区，分为社区的上下近似集来描述社区中不同作用的成员。然后介绍了基于边图的重叠社区发现方法，采用边图发现重叠社区是一个重要研究分支。为了解决其他边图方法的重叠度高、准确率低等问题，采用重叠度控制社区之间重叠的程度，提高了重叠社区发现的效率和效果。

面向富信息网络的社区发现方法章节中介绍了一种基于生成模型的动态主题社区发现方法。网络数据中富含了大量的不同类型的信息，包括网络结构信息、结点内容信息、边内容信息和时间信息。而网络结构信息中蕴含了社区结构，结点和边内容蕴含了主题，时间信息蕴含了社区和主题的演变模式。该生成模型将网络结构、结点内容和时间信息统一建模，发现社区的同时，也能发现社区的主题分布和社区及主题随时间变化的趋势。

基于网络表示学习的社区发现方法章节中介绍了网络表示学习的社区发现方法，通过网络表示学习方法将网络结点映射到低维空间中，然后利用传统聚类方法可实现社区发现。网络表示学习方法包含了基于矩阵分解、基于随机游走、基于深度神经网络和其他网络表示学习方法。首先介绍了基于矩阵分解的网络表示学习方法，该方法利用矩阵分解优化模块度，将结点映射到包含社区信息的空间中，进而发现社区。接着介绍了随机游走的网络表示学习方法，该方法利用随机游走策略采样网络结点序列，再使用 skipgram 模型学习结点表示向量，达到获取网络表示学习的目的。然后介绍了基于深度神经网络的网络表示学习方法 SDNE 和 DNGR，SDNE 采用自编码器将网络进行重构，利用一阶和二阶相似度解决网络结构保持和稀疏问题，同时利用采样网络中的边优化 Loss 函数，最终学习结点表示学习向量。DNGR 捕捉网络结构信息并生成共现概率矩阵，计算 PPMI 矩阵，最后利用 SDAE 学习结点的低维表示。最后介绍了其他表示学习方法，LINE 是一种大规模网络嵌入模型。该模型优化了保留本地和全局网络结构的目标，不但考虑了结点之间的一阶相似性，而且通过共同邻居考虑了结点之间的二阶相似性，使得学习后的向量表示保持了结点的更多的网络结构信息。LANE 通过谱分析将网络结构、结点属性和结点标签等信息统一建模，通过迭代式优化方法学习结点的向量表示。

大规模网络社区发现方法章节中介绍了如何在大规模动态网络中发现社区和

大规模网络中发现重叠社区。包含了基于 Spark 的并行增量动态社区发现方法、基于加权聚类系数的并行增量动态社区发现方法和基于边图的并行重叠社区发现方法。首先介绍了基于 Spark 的并行增量动态社区发现方法，该方法将网络建模为时间片形式，利用连续时间片网络之间的增量计算持久度，使当前时间片网络的持久度最大化，进而发现当前时间片网络的社区。然后介绍了基于加权聚类系数的并行增量动态社区发现方法，该方法通过最大化当前时间片网络的加权聚类系数发现当前时间片网络的社区，然后利用加权聚类系数刻画网络的演化程度，如果低于一定程度，则在前时间片网络基础上计算当前时间片网络加权聚类系数，否则重新计算当前时间片网络的加权聚类系数。最后介绍了基于边图的并行重叠社区发现方法，该方法将原始网络转化为边图，然后利用聚合优化策略最大化模块度生成边社区，最终将边社区转化为点社区，得到重叠社区。

基于社区发现的交叉研究章节介绍了社区发现的应用，包括了基于社交网络社区的组推荐框架和基于社区分析的情感研究。首先介绍了基于社交网络社区的组推荐框架，该框体对用户评分矩阵进行矩阵分解获得用户偏好，然后利用重叠社区发现方法实现用户分组，最后根据社区结构的聚合和分配策略实现组推荐。然后介绍了基于社区分析的情感研究，该方法构建了多元情感时间序列，然后聚类用户群体多元情感，最后利用微博的转发关系构建微博转发情感网络，进而发现情感社区。

目前，网络科学中的社区发现与演化仍然是一个热点问题[1-2]，仍然有很多问题待研究解决。例如：

① 随着表示学习的发展，通过表示学习的方法将网络中的目标信息映射到低维向量中，进而提升算法的效率，目前已有相关方法，比如 DeepWalk[3]、Line[4]、node2vec[5]、SDNE[6]、GraphSAGE[7]、HAN[8]等，融合更丰富的信息形成能力更强的深度学习模型是一项具有挑战性的工作。

② 目前大多数社区发现算法考虑的对象是网络中的结点或边，很少考虑网络的高阶组织方式，如由多个结点和边构成的子图，最近，Benson 等[9]发表了关于 motif 与社区之间联系的文章，进一步揭示了社区与网络高阶组织形式之间的联系。

③ 在异质信息网络中，社区发现与演化也是一个值得研究的问题，Shi 等[10]发表了一系列关于异质信息网络中的分类、聚类及预测问题的文章，探索异质信息网络中的社区发现也是未来的研究工作。

④ 社区分析与其他领域交叉研究范围甚广，如复杂网络相关知识与概念可以和知识传播相结合。通过构建知识传播理论模型，探究虚拟社区中知识传播效果的内在影响机制[11]。

⑤ 在深度学习发现社区方面，社区的表示学习、网络的动态性（网络拓扑

结构和结点属性的动态性）和大规模网络的社区发现都是值得研究的方向。

⑥ 在社区发现算法评测方面，将社区演化事件[12]的分析评测融入算法评测平台中，用户复杂的时间演化行为促使网络结构和社区结构随之发生变化。从日益复杂的社会网络中挖掘出社区结构，以及分析动态网络中的演化模型具有重要意义。社区发现算法评测平台融入社区演化事件的分析评测并展示社区演化事件的过程可以使该平台在评测方面功能更加完善。

⑦ 在社区发现任务中融入更多的任务及信息，执行多任务协同运行，提高彼此的任务效果，比如在属性网络中同时执行社区发现和网络表示学习的任务[13]。

⑧ 已有不少大规模网络社区发现方法，同时也有不少属性网络社区发现方法，但是少有大规模属性网络社区发现方法[14]，大规模属性网络社区发现任务存在诸多的挑战，比如算法效率问题、属性与网络结构的融合问题，等等。

⑨ 多层网络能够刻画相同实体之间不同类型的关联关系。而针对单层网络的社区发现方法无法准确发现多层网络中的社区，其原因如下：首先，如果不分析层之间的包含关系，某些社区可能会被不相关的层隐藏；其次，没有明确表示多层的算法无法区分不同类型的多重社区；最后，如果不考虑层的概念，那么就不可能根据结点所在的层将同一结点包含在不同的社区当中。多层网络社区发现方法研究是一个新兴的热点问题[15]。

⑩ 大多社区发现方法的处理对象是确定的社交网络，事实上，很多确定的社交网络都是真实社交网络中的一部分。如何在不完整的社交网络中发现社区是一个很有实用价值的研究方向[16]。

本章参考文献

[1] FORTUNATO S, HRIC D. Community detection in networks: A user guide [J]. Physics Reports, 2016, 659: 1-44.

[2] SCHAUB M T, DELVENNE J C, ROSVALL M, et al. The many facets of community detection in complex networks [J]. Applied Network Science, 2017, 2 (1): 4.

[3] PEROZZI B, AL-RFOU R, SKIENA S. Deepwalk: Online learning of social representations [C]. Proceedings of the 20th ACM SIGKDD international conference on Knowledge discovery and data mining. ACM, 2014: 701-710.

[4] TANG J, QU M, WANG M, et al. Line: Large-scale information network embedding [C]. Proceedings of the 24th International Conference on World Wide Web. ACM, 2015: 1067-1077.

[5] GROVER A, LESKOVEC J. Node2vec: Scalable feature learning for networks [C]. Acm Sigkdd International Conference on Knowledge Discovery & Data Mining. ACM, 2016: 855-864.

[6] WANG D, CUI P, ZHU W. Structural deep network embedding [C]//Proceedings of the 22nd

ACM SIGKDD international conference on Knowledge discovery and data mining. 2016: 1225-1234.

［7］HAMILTON W, YING Z, LESKOVEC J. Inductive representation learning on large graphs ［C］//Advances in neural information processing systems. 2017: 1024-1034.

［8］WANG X, JI H, SHI C, et al. Heterogeneous graph attention network ［C］//The World Wide Web Conference. 2019: 2022-2032.

［9］BENSON A R, GLEICH D F, LESKOVEC J. Higher-order organization of complex networks ［J］. Science, 2016, 353 (6295): 163-166.

［10］CHUAN S. Chapter 24: Evolutionary Multi-Objective Optimization for Supervised Learning ［M］//Tan Y. Swarm Intelligence-From Concepts to Applications. IET. ISBN 978-1-78561-313-5. 2017.

［11］ZHOU W, JIA Y. Predicting links based on knowledge dissemination in complex network ［J］. Physica A Statistical Mechanics & Its Applications, 2016, 471: 561-568.

［12］ZHENG J, GONG J, LI R, et al. Community evolution analysis based on co-author network: a case study of academic communities of the journal of "Annals of the Association of American Geographers" ［J］. Scientometrics, 2017 (4): 1-21.

［13］DING Y, WEI H, HU G, et al. Unifying community detection and network embedding in attributed networks ［J］. Knowledge and Information Systems, 2021, 63: 1221-1239.

［14］CHEN Z, SUN A, XIAO X. Incremental community detection on large complex attributed network ［J］. ACM Transactions on Knowledge Discovery from Data, 2021, 15 (6): 109.

［15］MAGNANI M, HANTEER O, INTERDONATO R, et al. Community detection in multiplex networks ［J］. ACM Computing Survey, 2021, 54 (3): 48.

［16］TRAN C, SHIN W, SPITZ A. Community detection in partially observable social networks ［J］. ACM Transactions on Knowledge Discovery from Data, 2021, 16 (2): 22.